丁菱娟 著

逆風前行

變動年代的職場新能力

序言

寫這本書或許你以爲又是一本職場勵志的書，其實它不只。

寫這本書時我有許多的感慨，看到這世界變動太快，快到大家莫名的焦慮感，加上這兩年疫情的肆虐，人類從未如此的無助又無奈，許多人失去了健康、財富，也改變了生活。我很肯定地說，就算疫情過去了，這世界變動的速度絕不會放緩，絕不等待我們。因此我們必須要培養一種能力，就是在模糊不確定的情況下，仍然擁有積極前進的能力。

在職場上也是如此，既有的觀念、工具、架構，都在日新月異，都在迭代，都在變異，就像病毒一樣，我們雖然擔心恐懼，但我們不能因此束手無策，我們還是得在一片混沌當中，將以往的經驗加上知識的活用，用創意和推理摸索著前進，試圖爲自己打開一條路。這本書也是在告訴你在變動的年代，在面對未知的環境和風險中，在告訴你如何擁有一顆安定的心，面對挑戰，持續前進。

我們何其有幸遇到了人類最快速變動的這幾十年，新科技的發展讓我們展開了新視野，看見了許多可能性，享受了前所未有方便的生活；但其中也碰到了各式各樣的黑天鵝、灰犀牛事件。到底這是最好的年代，還是最壞的年代，其實關乎我們的心態。我們無法選擇時代，但我們可以創造不凡的人生。

年紀越長越清楚，人生在世不可能一帆風順，那些挫折、失望、難過都是生命的佐料，倘若沒有這些佐料，人生再怎麼平順幸福，也變得平淡無奇。或是說若沒有人生的低潮，我們成長就有限，也無法襯托快樂的美好吧。

我常開玩笑地說，如果未來每個人在蓋棺論定前，都要交出一篇生平的傳記給後代學習閱讀，那麼最好把生命活得充實一點。倘若生命沒有起起伏伏，沒有挑戰挫折，這樣的傳記肯定乏善可陳，沒人想看。所以人生與其逃避，還不如迎接挑戰來得過癮一些。如果我們能有這樣體悟的話，我們就不會把這世界給我們的困境視爲是一種阻礙，而會將它視爲挑戰。這兩種心態是不同的，當我們將它視爲阻礙就會討厭它，逃避它，有負面的情緒，甚或不想解決它。一旦心態轉變成挑戰的時候，我們就會有新的能量，躍躍欲試，想要解決它，甚至有種能力，希望自己能夠跨越挑戰，進到另一個高峰，就像打怪一樣，過了一關又一關，會讓我們很有成就感。

這幾年我遇到很多年輕創業家，我慢慢發現他們身上都有一種特質，這種特質不只是勇於面對挑戰，甚至更極端的是享受挑戰。享受生命出的每一道難題，然後享受過關後的暢快感。而人生就是這樣慢慢遇見更好的風景。

肌肉可以鍛鍊，體能可以鍛鍊，當然心智也可以鍛鍊。當我們習慣於接受挑戰，面對挑戰，慢慢地我們就會長出一種不一樣的能力，這個能力就是讓我們面對困境的時候不害怕，因爲知道自己總有方法可以解決。

這就是我這本書想要溝通的轉動思維，以及重要的心理素質。獻給在變動時代還選擇相信自己，相信美好的人。

目錄

序言　002

PART 1 變動且迷惘的年代，需要一顆安定的心

變動的年代，需要改變心態，接受新事物　012
「忙」與「茫」？忙了半天還是一事無成？　015
用每年三個目標，帶自己邁向夢想　020
迷惘的世代，尋找人生關鍵字才能有顆安定的心　023
培養自己朝T型人才發展　033
還是找不到方向？先找一個心目中的標竿來模仿　037
好年代或壞年代不是我們可以決定，持續前進就對了　042
集體焦慮的年代，更需要安定自己的心　047
歐美大離職潮來臨，企業和個人的轉變　051

當一無所有，就擁有了不設限的能力 055
人生覺得卡卡的，請把握這種感覺搞定它 060

PART 2 職場心智力

穿上老虎皮，為專業形象加分 066
「讓客戶知道」是專業服務重要的一環 070
勇於說出自己的企圖心，才有機會被看見 075
對於專業，我學到當頭棒喝的一課 079
信任是先給予，才能獲得信任 083
多看事實，別被偏見左右情緒 089
連結人脈需求，創造利他機會 093
面對不平等待遇，要立志讓自己強大到別人不敢欺負 097

目錄

PART 3 一切都關乎自己……

選擇困難症？只要釐清什麼是最重要的 104
訓練自己做決定，問自己三個問題 109
改變的行動困難重重，先開支票再兌現 116
你的身材來自於你自律的態度 121
自我感覺良好的人最容易犯的三個錯誤 126
不讓情緒主導行爲的三個練習 131
壓力太大，慢慢引導自己走出隧道口 137

PART 4 工作和生活的平衡

女人爲什麼不能獨自成功？一定得靠男人嗎？ 144
不要有愧疚感，盡力就好 148

工作和生活不是二選一的問題，我兩者都要 152
男人其實可以示弱 157
新好男人攜手另一半一起成長 160
有快樂的父母才有快樂的小孩 164
遠距工作已成趨勢，讓我們打造在家工作的理想模式 169
越忙的人越要有留白的時間 173
越忙，越要去學一樣有興趣的才藝 179

PART 5 變成管理者之後……

原則是死的，待人卻要靈活 184
授權的兩難，成功與失敗我都碰到了 188
企業文化可以公開透明，不代表一切都要眾所周知 194

目錄

在管理上善用命名的威力 199
遇到跳 tone 卻有創意的員工，捉大放小 203
別以爲只出一張嘴的顧問就應該廉價 208
有包容力的主管才有講眞話的下屬 213
克制自己喜好，避免養出揣測上意的下屬 217
做品牌從改造辦公室開始，員工變得不一樣 221
長江後浪推前浪，前浪不會死在沙灘上 226
縱使世界灰暗，我仍然要活出顏色 232
爲夢想寫的歌 238

PART 1

變動且迷惘的年代，
需要一顆安定的心

變動的年代，需要改變心態，接受新事物

我們碰到的問題在以前可能都沒有發生過，所以沒有標準答案，唯一的辦法就只有改變心態，接受新的事物。

活在二十一世紀的我們應該都有種很深的感觸，就是這個世界的變化實在太快，快到我們無法想像，快到我們有點措手不及，發現原來百年企業也會一夜崩塌，原來我們習以爲常的事情也會一夕變調。新科技改變了我們的生活，NFT還搞不懂，元宇宙都要來了；這輩子人生都還活得沒參透，接著還得迎接虛擬的第二人生。這世界以驚人的速度在前進著，從不等人。

這幾年黑天鵝、灰犀牛的事件層出不窮，早已經超乎我們的想像和預期，計劃永遠趕不上變化，當我們驚訝得還沒醒過來時，世界仍然轉動，不會因爲

你的喘息還有絲毫的停頓。

沒錯，我們現在處於一個變動的年代。最近流行一個新的名詞叫 UVCA，這四個英文字分別代表了 volatility（易變性）、uncertainty（不確定性）、complexity（複雜性）、ambiguity（模糊性）的縮寫。意思是我們正處於一個複雜又不確定的世界環境，目前我們碰到的問題在以前可能都沒有發生過，所以沒有標準答案，可能也沒有解決方案。我們只能摸著石頭過河，一步一腳印，戰戰兢兢從過程中學習，從試錯中修正，再一步一步地靠近答案。

面對這樣多變又複雜的環境，沒有前人走過，沒有答案可循，那我們應該怎麼辦，怎麼自處呢？

唯一的辦法就只有改變心態，接受新的事物。活用知識，在做的過程當中體會、修正，必定能走出一條路。很多人輸就輸在無法接受新事物，把自己先關起來，以爲這樣就看不見，聽不到，以爲這樣就能偏安，事不關己。其實整個大時代的轉變跟每個人都息息相關，現在什麼事情都在顚覆我們的三觀，所以別再說不可能了，看不懂，來不及；我們要活用知識，用創新的思維，整合可用資源，開創新局，找出最好的方案爲自己解套，絕不能念死書，故守舊觀念。

我們還要有跨界整合的能力。現在一種技能已經不夠，要讓自己除了專業之外，更廣度的學習，跨界合作才能創新，才能解開新問題。最重要的要具有開放的心胸，抱著好奇心以及探索的精神去面對不同的挑戰，擁抱所有的不可能才有機會走出不一樣的人生。我們要有所準備，未來面對的極有可能都是從未碰過的議題，沒見過且棘手的問題，唯有靈活變通，才能面對變化和挑戰。

「忙」與「茫」？忙了半天還是一事無成？

如果你沒有新的方向，倒不如在現有的基礎上修正，調整方向，或許還是有看到曙光的機會。真正的平凡是有能力不平凡，卻選擇平凡，不是因為沒能力不凡，只好平凡。唯有你把自己訓練到一定的能力，你才有緣分遇見那個機會，進而有能力抓住那個機會。

也許這世界前進的速度，快的令我們難免也懷疑起自己。以前的是，怎麼變成今日的非，以為理所當然的事情卻也一夕間消失，AI 浪潮的來臨更加速了這份不確定感，職場工作者害怕被機器人取代，企業主更是害怕今日的生意被天外飛來的創新企業幹掉，但害怕與恐懼解決不了事情。

有年輕人問我，他努力了半天，還是一事無成？到底應該放棄還是繼續下去？其實這個問題很難有答案，看這件事情對你的重要程度，以及你投入了多少的沉沒成本，還有放棄之後你有新的方向嗎？放棄很容易，但是重啓很難。

除非你很清楚現在做的事情是錯誤的方向，當然趕快回頭修正，如果你只是茫然，現在看不到成果，但不代表未來沒有成果。如果你沒有新的方向，倒不如在現有的基礎上修正，調整方向，或許還是有看到曙光的機會。

的確，世界情勢的不確定性加速了大家的焦慮，便成了一個集體焦慮的時代，不只年輕人焦慮，職場的中、高階層更焦慮。年輕人憂慮是怕找不到好工作，競爭力低；中階主管焦慮是工作壓力大，生活失調；高階主管更憂慮跟不上時代，漸漸被淘汰。

我們踩踏的這條船有時搖晃不已，但我們是這條船的舵手，自己的方向只能自己掌握，如果我們的心跟這條船一樣搖晃不已，那麼注定要漂泊或沉船。

因此我們只能穩定自己的心，相信自己，試著找出一條路，慢慢筏，終究可以穩住船頭向前行。

世界變化已經是常態，變就是唯一的不變，若我們還是抱持著一成不變的心態，就是等著遲早被淘汰。所以唯一能夠對抗焦慮的只有迎接挑戰，不斷地學習與成長，接受一切的可能性。走出舒適圈才有可能翻轉未來。勇敢面對挫折和不舒服的感覺，唯有這個不舒服才會幫助我們看清事實，進而做出改變，跟上趨勢，不被取代。所以不舒服的感覺是改變的開始，不用討厭它。

當然有人認爲自己沒有野心，想平平凡凡過日子就好，但你想平凡，可能世界就直接淘汰你。平凡的定義是什麼？我認爲眞正的平凡是有能力不平凡，卻選擇平凡，絕不是因爲沒能力不凡，只好平凡；縱使選擇平凡也知道自己要什麼，認眞過日子。

不爭是一回事，但絕不要允許自己渾渾噩噩或懶懶散散地生活。也許你說懶散也是一種生活選擇，但是我必須說習慣懶散之後，人會變得不想思考，不想積極，拒絕辛苦。

當習慣享樂、懶散之後，就會任由自己毫無意識地過日子，然後有一天你會突然發現除了吃喝玩樂之外，談不出什麼有價值的想法。雖然不想和別人比較，但發現別人早已跑在自己前面，而自己還只是在混日子，當然就「茫」了。

「茫」是現代很多年輕人的現象，很多人的歲月在無止盡的瑣事和懶散中被磨損了，等到不經易地一回頭，發現一事無成，這是多麼可怕的一種感覺。一旦進入職場以後，日子過得特別快，一下三十、四十、五十以後驚覺人生過了一大半，啥事也未完成，開始懊惱。時間從來就不等人，我們以為現在還年輕，一切都還來得及，但若是沒有立定人生目標，無意識地揮霍，一眨眼時間過去了，卻發現永遠到不了自己想去的地方。

其實人生沒有成功方程式。倘若不想原地踏步，最重要的是心裡要有一份決心，就是抱持著**「無論如何我要踏出改變的第一步」，然後「就我所能地把眼前這份工作做好」，事情必會有翻轉**。若沒有這樣的自覺和對自己喊話，就不會有意識地檢驗自己、改變自己。我們常聽到「機會永遠是給準備好的人」，意思是唯有你把自己訓練到一定的能力，你才有緣分遇見那個機會，進而有能力抓住那個機會。

我曾經問過一些成功的人爲什麼能成功，其中有一個人的回答非常令我折服，他說「對自己狠一點就可以。」對自己狠一點就是別人享樂，我享受挑戰，別人休息，我努力。別老順著自己的惰性，讓自己辛苦點，建立目標，不屈不饒，這是成功者的毅力和決心。他們不會爲了短暫的快樂而迷失自己，也不會爲了短利而放棄自己，他們堅定目標，勇往直前。

用每年三個目標，帶自己邁向夢想

下決心最難，真正改變沒有想像的難，只要踏出第一步，後面就是一關一關過，等你專注解決問題完後，會發現能力增加了。

我經常鼓勵年輕人寫下願景，因爲我自己就是如此做的，每年以完成三件事的速度來靠近那個願景，然後專注地做，持續一段時間，有一天就會發現原來你離願景不遠了。

我遇過一個年輕人，他的願景是當個專業烘焙師，我同樣建議他每年做三件事去接近那個願景。於是他列了三件事：一、考證照；二、參加大大小小的烘焙比賽；三、找一家專業烘焙店從學徒做起。他持續這樣做了幾年後，自己已經創業開啓工作坊，小有名氣了。

我檢視自己二〇二〇年的三個目標：完成了寫一本書，開創了「影響力品牌學院」，開了音頻節目。在有目標的督促下，我的日子過得豐富且有層次，雖然辛苦，但是覺得充實值得。每天有意識地活著，忙著，就永遠不會「茫」。不僅有事可做，在完成目標的路途中又有好多學習，是人生一大幸福。這是我活得有意義的重要關鍵。我現在以每年完成三件事的速度向前進，雖然忙碌但基本是快樂的。

當你對事情駕輕就熟，覺得工作沒有任何挑戰，漸漸喪失了熱情，可能就是走入了舒適圈。舒適圈之所以舒服只是因爲穩定安逸，無須改變，一切皆如預期，沒有意外。但問題是世界一直在變，它從不等人，爲了讓自己活得精采，我們必須行動，跟上腳步。

我自己在職場上也好幾次走出人人稱羨的舒適圈。第一次離開錢多事少的工作，決心創業；第二次是離開位高權重的董事長職位，嘗試開展我的第三人生。事實證明兩次的改變都使我的世界更加寬廣。

當我開始覺得工作太舒服的時候，我就知道我自己該改變了。事實告訴我，下決心最難，眞正改變沒有想像的難，只要踏出第一步，後面就是一關一關過，等你專注解決問題完後，會發現能力增加了。就像玩遊戲闖關一樣，闖過之後你已經到另一個境界了。

時間太快，而人生太短，人活著爲了什麼？不就是要創造生命的意義罷了，而我們都有責任把自己活好，尋找人生意義，爲自己點亮人生。

迷惘的世代，尋找人生關鍵字才能有顆安定的心

找到自己人生的關鍵詞也等於找到自己的定位，就像擁有GPS一樣，知道自己在哪裡，別人可以找得到你，你也找得到要去的方向。

根據台灣知名的一家媒體調查，台灣年輕人Z世代有六〇%是感到迷惘的，之所迷惘是因爲他們不知道要什麼，對未來的不確定性感到惶恐，所以容易人云亦云，沒有主見。

我想這好像也是很普遍的事。我回想大學剛畢業的時候我也是如此，一方面我們的教育不教學生尋找自己天賦，不教策略思考，只求分數；二方面這世界變化實在太快，我們一直被追趕著學習、重構、再學習，卻依舊趕不上這個

世界改變的速度。那麼我們該如何因應？

我認爲在我們年輕的時候就應該展開尋找自己願景的探索，出社會或感到迷惘之時，更要展開尋找自己關鍵字的行動，這件事非常重要。找到自己人生的關鍵字也等於找到自己的定位，就像擁有 GPS 一樣，知道自己在哪裡，別人可以找得到你，你也找得到要去的方向。有了關鍵字人生就有了定錨，心就安定了。所以在說變動的年代我們更需要一顆安定的心，而尋找關鍵字就是擁有一顆安定心的解藥。

現在的年輕人其實都希望可以找到人生的舞台，讓自己的夢想和理想可以充分發揮，在這樣的狀況之下，因此要趁早找到自己跟方向以及關鍵字變成了刻不容緩的事，如此才能心無旁騖地朝目標前進。

關鍵字可說是你和別人不一樣的地方，也就是你的差異化。你必須突顯你的差異化，別人才會比較有機會認識你、記住你。但不是譁眾取寵，而是眞心地去檢視自己的背景、價值觀或興趣，跟別人有什麼不同。

每個人的成長背景都不相同，每個人的觀察角度與思考方式也都不相同，想想若把那些影響你的重要人、事、物找出來會是什麼呢？還有你的興趣，你發生過的一件事，或是你曾做過的一件事，你的生命故事，你的個性，這些有可能就是你的個人特色。把它寫下來，你可能會發現這就是你和別人不一樣的地方，有可能是你看事情的觀點，也有可能是你的夢想，而這可能隱藏著你的關鍵字。

尋找自己的關鍵字，依照我自身的經驗，我是用下面五個步驟前進的：

1、**確定自己的願景**。人來世上走一遭就只有一次，如果我們不確認自己的願景，那我們活著是爲了什麼，那麼跟千千萬萬的別人又有什麼不一樣呢？

沒有願景就等於行屍走肉，沒有靈魂，你只是為生存而活，不是為生命而活。所以這也為什麼尋找願景是一件重要的事情。

所謂願景就是你想去的方向，換句話說就是未來五年、十年你嚮往成為什麼樣的人。人對自己的未來要有一個想像空間，才具有持續下去的意義，才能夠聚焦前往目的地。

如果你現在暫時還找不到願景，那麼就去看看身邊有沒有值得你欣賞和仰慕的人。如果你想要成為那樣的人，那就去觀察他的思考、他的語言以及他的行為，然後暗自模仿他。所謂模仿並不是全然的複製，而是找出他讓你欣賞的地方和理由，然後模仿；因為你會有自己的風格，久了之後你便找得出心得，然後再融入自己的風格中，就會找出一條方向。

我以前在小學時很欣賞班上一位同學，覺得她又聰明又風趣，又有才華，我就開始觀察她喜歡什麼，後來發現她很愛看書，所以我也學她開始去圖書館。一開始很多書我也看不下去，強迫自己什麼課外書都翻翻，就這樣翻了很多書之後，慢慢也找出一些心得和樂趣。從書中我找到了人生的答案，慢慢地閱讀成為我的興趣，知道自己是要做個與人相關的專業人士。我後來選擇了公關成為我的志業也就不足為奇了。

2、**做就對了**。什麼事不要想太多，因為現在計劃趕不上變化，若還不知道自己要什麼的時候就先去試試看，因為做了之後你才會知道自己適不適合，在與別人的互動中才會給你一些建議，從做當中去發掘自己最喜歡和最擅長的事。很多事情沒有付出行動是完全沒有意義的，只停留在想像，你永遠不知道自己可以或不可以。有很多時候我是做了之後才發現我真的不適合，原來以為不適合不喜歡的，做了之後才發現其實很有趣的。因此唯有去嘗試，去驗證，喜歡的那件事便會越來越明瞭。

賈伯斯說，你必須要找到你所愛的東西，你的終身職業占據了生活大部分的時間，因此，唯有相信自己做的是有意義的工作，才能眞正獲得成就感。如果你還沒找到，繼續找。

很多人會問要怎麼去找到自己最擅長以及最感興趣的事呢，那就是好好觀察自己什麼事情會讓你做得廢寢忘食，忘記時間，甚至別人覺得很辛苦，但你自己卻不以爲苦，這就對了。

3、**使命化**。給一個非我不可的理由。倘若你找到自己最喜歡或最擅長的那件事，想辦法賦予意義，變成你的使命。像鮮乳坊創辦人龔建嘉，在他的新書《做一件只有你能做的事》（天下文化），其中有一段是這麼寫的，「相信總會有那麼一件事情，當你看到的時候內心會感到觸動，而其他人並沒有像你這樣的感受，而那個時刻就是註定你要做什麼事情的起點了，接下來就關乎你選擇。」所以從你喜歡的事情去賦予它一個意義，讓你產生行動的使命。

像我目前成立「影響力品牌學院」也是基於這樣子的使命，認爲推動品牌公關的正確觀念捨我其誰，所以不論多辛苦，做起來還是甘之如飴，這就是使命的力量。因爲你可以把這件事情做得更好，因爲你，這個社會這個世界變得更美好。然後把這件事做到極致看會怎樣，這時候你的關鍵字就快呼之欲出了。

4、有計畫性的前景目標。當你清楚願景和使命之後，接下來你就很容易列下如何達到願景的行動方案了。譬如我每年在年底都會列下隔年要做的三件事，而這三件事是跟我的願景連結掛鉤，所以我就會調整朝向那個目標前進，只要和願景相關的我就做，這樣就越來越聚焦了。

另外我希望我的關鍵字裡有導師、作家和品牌公關，那麼我就列下一個月寫四個專欄，一年寫一本書，然後演講，創立品牌學院。這些都是讓我越來越聚焦，往這些關鍵字靠攏。

5、持續三到五年。以這樣的速度和節奏，持續三到五年之後，關鍵字就會出現了，以我為例就是持續做符合願景的事，現在只要在Google上面一查詢，這些關鍵字詞就會跟著我了。有些事情就是要時間累積，累積了才有經驗，才有心法，才有底氣。關於關鍵字這件事急不得，需要花一點時間確認方向，然後累積時間才有成果。

以上就是我尋找關鍵字的步驟，我在這裡也分享給大家參考，沿著這樣的步驟去尋找你自己的人生關鍵字。我第一次實驗成功是我在第二人生職場時的關鍵字，那時候我也是在公關這個產業，聚焦在科技公關這個領域長達五到六年之後，被奧美集團相中，而主動邀請我加入，進行併購，因此「女性創業」、「科技公關」就成了我職場的關鍵字。

第二次實驗成功是離開職場之後，進入到第三人生，我想做一些實驗，於是每年有計畫地做三件事，累積了五到六年之後，慢慢地轉型成為創業導師、作家、品牌公關專家，這樣的關鍵字就又跟著我了。所以試試看選擇這套方法，持續一段時間，我相信你一定可以找到屬於你自己人生的關鍵字。

現今，有四七%的工作在二十年後消失，但這個現象並不是告訴我們不需要努力，或是不需要學習新事物，反而是告訴我們關於既有事物知識的重要性將會遞減，取而代之的是「能力」。所以不能固守僵固的知識和思維，反而要運用知識解決沒見過問題的能力，這在未來是非常重要的！

說到僵固的思維會害人，我自己也曾經因爲僵固的思維讓我誤判小孩的未來。我的兒子從小就喜歡玩電動，而且經常沉迷在網咖，那時候我幾乎每天下班是到網咖去把他拎回來的，這在二十多年前還沒有遊戲業的年代，讓我們做父母的非常焦慮，總覺得這是玩物喪志的行爲，不知道他未來能做什麼，因此有一度我們的親子關係是非常的緊張。

結果我的兒子還是不改初衷，就是喜歡電玩，大學畢業之後更是將進入遊戲產業成爲他的夢想，我眞的可以說用「義無反顧」這四個字去形容他追求夢想的態度，一點也不爲過。現在他眞的在一家跨國性的公司從事電競經理的工作，重要的是他做著喜歡的工作，非常有成就感和快樂。

這件事改變了我僵固的思維，絕不能用大人過去的經驗值去框住小孩無限的未來，世界在變，我們的思維也要跟著與時俱進。

培養自己朝T型人才發展

想過斜槓生活，你必須要先學會單槓再斜槓。單槓就像是你的專業主軸，這要成為你的支柱，這樣你才會有支撐點，才能去發展其他的斜槓。

現代社會所需的人才是一種叫T型人才，指的是不只要是單一領域的專家，對於其他領域也至少得略有涉獵。字母T上的縱軸，代表在單一領域的技能和專業知識的深度，亦稱之爲「硬實力」；橫軸則代表與其他領域的專家跨學科合作，並將知識應用於非主要領域的廣度或能力，也稱之爲「軟實力」。

我要說這個縱軸的硬實力方面，可以當作是你的關鍵字，無論是財務或法律，或設計或是行銷，這項專業技能你必須要有非常深入的基礎，比別人強，比別人有經驗，才能扎實地成爲你的支柱。

在橫軸的軟實力方面，我們必須要培養廣度跨界的思維，和知識運用的技能，譬如創意、批判性思考、自我管理、社交智慧，以及情緒管理等等，就是讓你在面對變動的環境當中，仍然知道如何有彈性地應變。這五項技能是不論你處於什麼行業，做什麼工作，都必須要具備的軟實力。

同時，在接下來十年內，預估全世界會有三分之一的工作會因爲科技而大幅轉變，甚至爲科技所取代，也會有許多新型態的工作誕生。因此我們必須要培養跨領域的知識以及上述廣度思維來，才能因應變動的年代。

接下來我想提醒大家一件事，目前很流行所謂的斜槓人生，其實有個陷阱，並不是越斜槓越好，也不是每個人都適合斜槓，有些人只是爲多賺一點錢才去兼幾份差，並不是具有眞正的技能和興趣，這其實叫零工工作，而不是眞的斜槓。

想過斜槓生活，你必須要先學會單槓再斜槓。單槓就像是你的專業主軸，這要成為你的支柱，這樣你才會有支撐點，才能去發展其他的斜槓。千萬不要在還沒有單槓之前就拚命斜槓，斜到最後，大家都不知道你的關鍵字是什麼了。

因此我建議先把自己一項專業做到被人看見，被人知曉之後，再發展其他的斜槓技能，比較有資源也比較有機會被認識。譬如我因為有創業的經驗，所以在我第三人生就自然發展出創業導師，分享職場的文章，演講等等斜槓的精采人生。只要是有一個主軸的桿槓，所以在斜槓時可以很輕鬆，很有連結。而且很扎實，這就是一個單槓到斜槓最美好的過程。

我自己是一個很喜歡學習並成長的人，所以我也很喜歡結交那些同樣喜歡學習成長的人，因為我覺得這樣的人，充滿好奇心，不會無聊；因為他們會與時俱進，會嘗試各種可能性，他們樂觀積極，他們勇於挑戰，於是創造了精采的人生。所以我在這裡鼓勵大家去做一件沒做過的事，這叫成長；去做不願意做的事，這叫改變；去做不該做的事，這叫突破。當然是在法律道德範圍內的事，這樣你會發現你的人生就不一樣了。

「成功的人看機會，失敗的人看困境」。不管世界變化多大，不管我們現在面對什麼樣艱難的環境，我們永遠要看到機會，機會才會找上我們，如果我們只看困境，困境也會永遠干擾我們，我們要相信美好才能與美好相遇。

還是找不到方向？先找一個心目中的標竿來模仿

在摸索的過程若找一個心目中的偶像或標竿來學習，或許是最快的方式。偷學又不花錢也不害人，利己而不害人的事可以做。

有一位創業者跟我分享，當他的品牌找不出方向的時候，聽到了一個建議很實用，就是找一個心目中的標竿品牌去學習或模仿，也就是找一個他們最想成爲的那個品牌，仔細地了解它，分解它，然後模仿它，最後想辦法超越它。

畢卡索說：「好的藝術家懂複製，偉大的藝術家則擅偷取。」意思是你有看到好的點子或好的作品，就借用他們的思維或技巧，讓自己的作品更精采，一開始或許是從複製或模仿開始，但不牽涉到抄襲或法律上的規範，若能夠導入自己的想法，內化成自己的一種屬於自己的風格，那麼就是屬於你自己的作品了。

果然這位創業家開始研究心目中標竿品牌的信念和做法，他開始去研究他心目中的這個國際品牌的理念、信仰、產品規格、包裝方式、行銷方式，慢慢地了解他們爲什麼會成功。光是這些認知，他們便提升了高度和視野，這個研究的旅程啓發他慢慢有了自己的想法，他找到了品牌新的方向。

接下來他非常有方向性地改善自己的產品力，朝著世界目標前進。他說那個國際品牌的標竿就像一盞明燈，指點他看向世界的角度，就像站在巨人的肩膀，可以看得更遠更高。

創業的人大部分都很聰明，一點就會，一旦有了欣賞、可學習的對象，就有機會快速成長，但是那個指引的能力確實是最快提升眼界和高度。他們一開始可能從模仿開始，但是慢慢地也會被啓發，就會很快地因應本土的消費者需求，調整風格與配方，慢慢做出一番成績。他們希望有超一日也可以變成標竿品牌那樣厲害。

我們都會有欣賞的人或心中的典範，如果我們沒有想像力，就很難成爲我們想要的樣子。很多時候我們並不清楚未來方向，但那個可以想像未來的藍圖和願景，對於年輕的自己是非常重要的自我尋找的旅程。

因此在摸索的過程若找一個心目中的偶像或標竿來學習，或許是最快的方式。研究他們之所以可以成爲今天成功的原因，和走過的過程，學習他們的風範，再融入自己的想法和風格，最終會跳脫模仿的階段，成爲不一樣的自己。我小學時有一位老師就鼓勵我們要「偷學」，去偷學那些你欣賞的同學或老師們身上的優點，他說是偷學又不花錢也不害人，利己而不害人的事可以做。我想這大概就是畢卡索所說的「偉大的藝術家擅長偷取」的意思吧！

就像我學畫畫一樣，初期沒有自己的風格，也不知道「好畫」的定義是什麼，就只能從自己喜歡的畫家，或是欣賞的畫派開始模擬，漸漸地去解構他們的畫法和技巧，揣測這些標竿努力過的過程。慢慢地我們眼界提高了，畫畫的技巧也提升了，等到自己可以控制畫面的時候，才會慢慢嘗試自己的畫法，進而建立起自己的風格。而這些大師都是啓發我們往更好路程的貴人。

如果我們對自己的人生還沒有把握，還在摸索自己，還不知道輪廓，那麼就先找一位自己欣賞的偶像，成為你想成為的那樣的人，你就有動力去研究他，分析他，甚至模仿一遍他曾經走過的路。在這個過程當中，我們一定會有所啓發，等到可以自我掌控和自主的時候，我們便會想要更有創意的、成為獨一無二的自己，個人如此，企業品牌也是如此。

我說過我在小學時非常欣賞一位班上同學，因為她喜歡看書閱讀，也喜歡彈鋼琴，所以我就偷學她去找一些課外書來閱讀，雖然起初自己不是那麼愛看書，但也就這麼看著看著就愛上閱讀了。現在發現閱讀的力量非常的大，幫助我眞的成爲更好的樣子。

年輕時找一個欣賞的人去學習、模仿，是一個最快速的方法，因爲我們從他們身上看到了我們嚮往的樣子，於是我們會拚命地想要成爲像他們那樣的人。這些學習和努力的過程會引導我們慢慢靠近那個目標，他們引導我們一條明確的路，讓我們接近那個想要的樣子。如果我們持續前進，或許等有一天驀然回首，我們發現早已超越那個心目中的標竿了。

好年代或壞年代不是我們可以決定，持續前進就對了

好年代或是壞年代不是我們可以決定的，但是我們可以決定我們要過什麼樣的人生。

這兩年大學的畢業生感嘆自己生不逢時，遇到了疫情，很多同學私下嘆氣，覺得努力也沒有用，成績優異也沒有用，反正也找不到工作，因此躲進舒適圈，無形中變得被動。家裡負擔得起的人繼續躺平，即將畢業的人躲回校園繼續延畢，不想接受社會的挑戰。

這個問題的確嚴重，兩位以前我在大學教書的學生回來找我，討論找工作的問題。一位A同學剛當完兵回來正面臨找工作的困境，另外一位B同學剛辭

掉前一份工作，也在迷惘地尋找下一步。這兩位同學們找工作已經超過半年以上了，至今仍然困難重重，投了履歷有回應的企業少於十分之一或更低，這讓他們在信心上打擊頗大，對於未來憂心重重。

這段期間年輕人都面臨了疫情嚴峻的考驗，工作機會減少，大部分企業新人招聘凍結，或是縮減人力，保守以對。近幾年畢業的大學生，加上國外大批回台的畢業生，也都投入了找工作的行列，其機會可說是僧多粥少。因此這兩年想要在台灣找一份全職的工作，對年輕人而言眞是難上加難。但是除了感嘆之外，難道我們沒有其他的辦法可想？

A同學面談了幾份工作沒有下文，好不容易有一家公司願意僱用，卻是薪水太低，工作量大，他頗猶豫是否該繼續等待更好的工作。我告訴同學，如果不會太討厭這份工作，就先去做再說。與其等待浪費青春，倒不如先去歷練，累積能量。在一無所有時，機會不是用來選擇的，機會是要好好把握，才能變成成長的養分。做了之後才知道自己眞的喜不喜歡，適不適合；眞的不喜歡可以再換，但千萬不要在那裡等待那個最好的機會來臨，因爲沒有所謂的最好，只有當下抓住了才是你的。

先將自己空白的履歷經歷添上一些紀錄吧，一張白紙的履歷是很難獲取青睞的。現在不是計較薪水高低的時候，薪水，必須等到用了有能力之後才有機會爭取，而眼前這第一份工作就是歷練你的機會成本。

B同學做了兩年助理導播之後，無法持續原來的工作，在朋友邀約之下想改行做燈光，對於他而言等於是跨界重新開始。我提醒他無論做什麼工作，思考如何連接前兩年的經歷到下一份工作，這樣才能成爲下一份工作的資產。

談完之後我的心情其實很沉重，年輕人如果一直找不到工作，時間一拉長很容易磨損他們的熱情和信心，會喪失對人生的期待，導致負面循環，這是一定要想辦法避免的。人生剛起步一定要保持活力和積極的能量，所以我建議他們在這段期間無論如何不要讓自己閒著，一邊持續丟履歷表找工作，一方面想辦法加入社會脈動的行列。打工也好，加入社團組織也好，持續學習，線上、線下課程多多去參與，拓展視野與人脈，絕對不要只是在家睡到自然醒，被動地等待工作。

文科的畢業生找工作可能僧多粥少，但喜歡文學、藝術、攝影等的人，可以開始寫作或創作，經營自己的自媒體，或者拍攝影片上傳，讓自己興趣的專長變成一種持續的創作。在自媒體平台上持續耕耘，儘量讓大家看見，這對於經營個人品牌有很大的幫助，或者也可以在網路上募資，實現自己的夢想。我就有一個朋友在網路上寫下自己的夢想企劃案，成功募集資金製造了第一項產品。

這段期間的年輕人很容易迷惘，對自己失去信心。其實人生拉長來看，這可能只是短暫的谷底，一定要讓自己維持良好的狀態，等待機會到臨。做好時間管理，保持著運動的習慣，創作、學習、旅行、社團、閱讀、接觸人群、和自己對話，持盈保泰，讓自己的活力和能量處在健康的狀態，千萬不要躺平，失去和社會的鏈結。**要有信念，相信自己可以，然後持續學習，這樣特質的人正是企業所需要的**。

現在台灣年輕人的活力和創意不可小覷，處處充滿了創業的可能性。幾個年輕人有好的點子或好的技術一起創業，是一個很酷的行動起點。社會上也有很多鼓勵創業的平台，只要企劃案不錯，團隊夠優秀，這些平台會媒合適當的資源去促進成功。

好年代或是壞年代不是我們可以決定的，但是我們可以決定我們要過什麼樣的人生。年輕，是嘗試任何機會及冒險的最佳時刻，年輕多一點冒險是值得的，反正輸了，也沒什麼好可損失的，贏了，就是不一樣的人生。

集體焦慮的年代，更需要安定自己的心

主要就是把自己的焦點從充滿焦慮訊息環境中抽離，讓自己可以聚焦在喜歡的事情上，不浪費時間。

疫情的確改變了很多事，這是人類始料所未及，這段期間也考驗著我們的耐心，在家工作或耍廢在家裡一段時間之後，人們每天看著這麼多的負面新聞，以及眞假不分的網路訊息，人心的折騰和焦躁已經到達了臨界點，尤其當有關生命和家人健康的議題時，要教人冷靜可沒那麼簡單，因此這段期間焦慮感和不滿的人正在日益增加。

這種集體焦慮的症狀正在擴散，人們對未知、不確定的焦慮，對社交的無奈，對解封的期待，對信任的遲疑，形成了在社群裡相互擁抱或相互發洩，在同溫層裡取暖慰藉也是可以理解。

這絕不是常態，我們必須要了解模糊、不確定的年代是未來的常態，我們就是要培養自己能在變動的年代中求生的能力，這個能力包括我們必須要有整合跨界的能力，運用自己的想像力去整合資源，解決從未碰過的問題，開出一條新路。

無論外在環境如何，就算居家隔離期間，我們個人也需要盡量讓生活正常化，安定自己的心，控制我們所能控制的，對於我們不能控制的樂觀以對。換句話說**做我們能做的，放下我們不能做的，抽離對社交媒體的依賴**。

疫情不知何時會結束，而我們的生活還是要持續地過下去，在困境中我們更需要的是自我心理建設，減少焦慮的狀況，在環境一片喧嘩慌亂之下，我們仍然可以求得歲月靜好，對於減少焦慮我有以下有幾個建議。

不要整天盯著手機看訊息。一天只要撥出十五分鐘稍稍流覽一下相關新聞，更新自己的認知就好，其他應該聚焦在工作以及該做的事情上。

看到自己不以爲然的訊息或論述，不用在網路上跟別人論戰，因爲現在已經是各說各話的年代，每個人都可以從不同的角度攻擊你或反駁你。信者恆信，不信者恆不信，辯論已經沒有什麼意義，倒不如自己寫一篇有觀點，有論述的文章分享。

訂出自己的工作時間表，無論是在家上班模式或是自由工作者，總之要有自己規劃好的時間表，不能眞的無事耍廢。自制力很重要，運動、休閒、工作，一一照表抄課，有目標有節奏地實踐，慢慢地你會覺得日子過得還挺踏實的。

多培養自己的興趣，趕快利用這個時間思考一下，還有什麼事情想做卻一直沒有時間做的，說做就做。像我就把在畫室上課的工具帶回家，開始練習在家畫畫，也開始著手寫下一本書的寫作。主要就是把自己的焦點從充滿焦慮訊息環境中抽離，讓自己可以聚焦在喜歡的事情上，不浪費時間。

越是困境，越需要保持一顆清明冷靜的心，不隨波逐流，不人云亦云，把心思放在自己的內心，培養沉靜力，才能幫助我們不受外來的干擾，安定自己的內心。大時代的浪潮誰也躲不過，該過的日子還是要過，該做的事仍然照做，在撥雲見日那天來臨之前，我們剛剛好也沒有浪費掉任何歲月。

歐美大離職潮來臨，企業和個人的轉變

個人如果希望能夠擁有自主安排時間的工作形態，那麼就必須要多發展自己的專長，並建立個人品牌。

歐美的職場因爲 Covid-19 的衝擊上演了「大離職潮」，在家工作（WHF）及遠距的工作模式，意外地讓大多數的上班族開始在反思自己的人生是否還有其他選擇，除了持續通勤上班的辦公室生活模式之外，也開始思考自己人生想過什麼樣的日子，應該發揮什麼樣的價值，也因此促成了很多人離開職場，想要嘗試不同的生活體驗。

這個大離職潮的現象，也影響到台灣，雖然不像歐美那麼劇烈，但同樣地也改變了很多上班族的想法。根據 104 人力銀行的數據，有六成的工作者希望

未來一週能夠有兩天在家工作。現在的年輕人已經不把高薪、頭銜放在工作的第一位思考，反而更多思考人生意義，工作與生活的平衡，以及發展斜槓人生，最重要的是希望搶回生活的自主權。

這個數據反映了大部分的工作者還是喜歡擁有自主安排時間的彈性，儘管在家工作可能效率不彰，但是節省了通勤的勞累，多了與家人互動的時間，心理相對感覺比較健康，因此還是受到大家的歡迎。

未來順應這樣的趨勢，企業主和個人可能都會做出改變。企業主爲了讓優秀的人才可以留下來，可能也要提出更有彈性的工作時間方案，才能留住人才。這次的疫情發展，企業和上班族也因此意外地做了一次很實際的實驗和演練，提早實現數位以及線上學習的機會，頻繁的視訊會議促使通訊軟體的更新，也使得在家工作的便利性加速地實現。在這方面企業必須開始著手運用科技的幫助，提出辦公室上班和在家上班的混合模式，這樣才有可能留住更多優秀的人才。

在個人方面，越來越多上班族已經開始思考嘗試不同的人生體驗，因此他們離開了現有企業，以個人名義，或是工作室的模式嘗試創業，開始運用自己的專長，配合與別人的合作、策略聯盟的方式，個人形成一種新的部落模式，提供企業服務或是自創品牌。這些現象將會在後疫情時代持續發酵，形成服務業的新生態鏈。

個人如果希望能夠擁有自主安排時間的工作形態，那麼就必須要多發展自己的專長，並建立個人品牌。品牌最重要的要告訴大家「我是誰」，而專長和某個領域可能就是在職場上最容易說出的品牌定位。所以可以將某個領域的某個專長，作爲你品牌定位的初始點，告訴大家你是誰。

譬如是一個文案工作者，那麼就必須讓自己在某個領域做到有名聲，才能有能見度。像我的一個朋友他寫房地產的文案非常動人，因此吸引了很多建案指名跟他合作，然後他除了文案之外自己也懂得策略聯盟，和外面團隊合作，形成生態圈，開始著重於影音平台的策劃和製作，因此從小工作室也形成了房地產戰隊，忙得很有感。

另外有一位年輕人，因爲喜歡吃美食，經常在臉書頁分享美食以及料理，久而久之大家把她當成美食專家，由她推薦的商品從委託團購開始，漸漸地她也開始直播和 Po 文分享食物背後的故事，目前已經變成廠商會付費的微網紅了。

疫情固然改變了許多，但危機也是轉機，新世代、新趨勢的新思維，在此波疫情化催化之下也不得不思變。改變的包括人們的人生觀，工作觀及價值觀，不見得是壞事，因爲改變才有希望。

賺錢固然重要，但是人生苦短，不能只有工作。年輕人希望工作與生活平衡，而且必須工作得有趣，有意義，讓這個社會更好，這是新世代年輕人的思考。其實這種工作生活平衡的思維，比起我們這一代要健康的多，企業領導者也必須轉型，思考並做出調整，讓員工更願意爲意義及理念而工作。

當一無所有，就擁有了不設限的能力

縱使我們的出生背景不好，拿到一手爛牌，我們都還是有機會可以翻成一手好牌的，心態最重要。先要讓自己變成「咖」，才有選擇的空間。

我很喜歡看名人傳記，近來同時看到幾位我們這一代女性的企業CEO，都是從小家境貧窮，出生困頓，可以說人生開始就拿到一手壞牌，但是到最後都能憑己之力翻轉人生。

素有「媒體教母」的余湘，從總機小妹一路奮鬥，後來成為跨國傳播集團的總裁，並參選過副總統。吳惠瑜，從走唱的小歌女一路做到全世界最大半導體公司英特爾台灣總經理。我同班同學，黃麗燕（瑪格麗特），同樣也是從打字員做起，一路升遷到台灣第一大廣告公司的總裁。因爲我自己也是從業務助理開始做起，後來創業才開拓了不同的人生，所以看這些傳記特別心有戚戚焉，我們這些人最基本的共同點都是家境貧窮，從一無所有開始。

在我們那個一無所有的年代，能夠培養出我們最珍貴的能力，大概就是具備不設限的能力。就是因爲一無所有，所以任何事情都願意試試看，只要能夠養得活自己，只要有機會，我們都會緊咬不放，然後戰戰兢兢的將手上工作做好，才能有機會一步步走到今天的樣子。

在現今這個年代，要求年輕人一昧地努力向上，置之死地而後生，這種觀念大概很難被接受，其實我只是想要表達，縱使我們的出生背景不好，拿到一手爛牌，我們都還是有機會可以翻成一手好牌的，心態最重要。

我們這些人都是沒有傲人的家世背景，沒有亮麗的學歷，剛畢業時我其實某種程度的沒自信，我身上沒有驕傲的本錢，知道選擇不多，所以更是願意腰彎得很低。我的第一份工作是業務助理，別的女生都選擇去做祕書，我則喜歡辛苦的業務助理工作，可以跟團隊一起奮戰。當時心裡想的也是如何將業務助理做到比別人好，測試自己的極限，不顧一切往前衝刺，心想著看看可以跑到哪裡。

雖然開始的條件不佳，但志氣倒是有的，至少我當初是有一股強烈地想要出人頭地的想法，但是卻沒有限制自己一定要做什麼行業或是什麼職位，只要是不討厭的工作我就想試試看，再看看能不能找出興趣。就是這種不設限的力量，讓我把握住每一個機會去嘗試，在嘗試中打開了我的視野，看到更多優秀的人，期許自己要更好，砥礪者自己往前行。

因爲不設限，所以就會放下自己的執著，沒有非要怎麼樣，或非不要怎麼樣，反而是不計辛苦與否，先做再說。從做中學，學中做，從中慢慢認識自己，最終找到一條最適合自己的路，專注地全力衝刺。

我看過太多人是出於自己是高學歷，或是名校畢業，身上背負著這些光環成爲了包袱，爲了跟別人比較，或是爲了面子，非得找某種行業或某種職位以上的工作，反而錯過了很多擺在眼前的機會。

放不下身段，可能是有些有光環的人最大的罩門。我認識一位年輕人，國外留學回來，名校光環，家境不錯，卻遲遲不找個正職，仍然過零工工作。問他爲什麼，他說第一份工作很重要不能隨便，否則以後的履歷都不好看。他非常在意同學誰都已經找到好工作，可當初學歷成績都不如他，若沒有找到比同學更好的工作，豈不丟臉。這樣的心態反而限制了他們的機會和發展。

也有的人一開始就設限自己一定要進大企業，知名品牌或是某個職位，計較一開始的薪水，反而沒看到可以學習成長的機會。他們自我設限，給自己太多的框架，看似有原則，其實讓自己錯失嘗試的機會。

所以每次當我聽到有些年輕人問我，老師我不是學傳播系的，可不可以到公關產業？或是我是財經系畢業的，是不是應該找銀行的工作比較實際？我認爲這個問題其實就是一種自我設限。根據調查，學非所用的人占了五〇％以上，而且表現不俗。要知道有四七％的工作在二十年後會消失，所以你還固執什麼，非什麼不可。在一無所有的時候，還東挑西揀的怎麼行？最重要的是你知不知道自己要什麼，不知道的話當然先嘗試看看再說。先要讓自己變成「咖」，才有選擇的空間。

大多數的年輕人在面對未來是迷惘的，在還沒有確定自己要什麼之前，倒不如將自己掏空，不設限地去碰撞任何一個可能的機會，從嘗試中去感覺自己的興趣，不要在意職位高低多好，最終一定會有所收穫。

原本的優點不見得是優點，原本的缺點也不見得會變成缺點，重要是我們用什麼樣的心態面對它。我們永遠要記得，志願要遠大，但身段要放低。

人生覺得卡卡的，請把握這種感覺搞定它

改變過程，做決定時是非常困難的，但是一旦踏出第一步，反而事情變得容易多了，因為問題會自動找上門，每天為解決難題而奮鬥著，沒有時間煩惱。

人生怎麼可能事事順利，很多時候我們會覺得人生卡住了，進退不得，突然不知所措，心情低到谷底；我們很討厭這種感覺，恨不得趕快把它趕走，根本不想停留在這個時刻。然而我卻從很多次這樣的經驗辨識出這種感覺，它好像是一記警鐘告訴我，改變的時刻到了。正是這種感覺，讓我想掙脫現況，做出改變。

所以不用排斥這種感覺，反而要好好把握，因爲這正是我們人生轉捩點的

機會。因爲人生卡在進退失據，茫然失措的局面很不好受，所以一定要改變，否則一事無成，終日難過。

我在三十歲左右，感到自己每天只是用時間來換取薪水而已，工作沒有熱情，人生缺乏成長的動力。但是這個工作錢多事少，當時也覺得辭掉實在可惜。我老闆也警告我說，現在外面這麼不景氣，你辭掉工作可是有一堆人搶著擠進來，你可不要後悔。有一度我進退兩難。

這樣過了幾個月之後，我終於受不了了，告訴自己無論如何一定要做出改變，所以我毅然決然辭了工作，決定尋找下一個可能性。後來才開啓了我一個人、一張桌子的工作室模式，慢慢成長爲一家有規模的公關公司，開啓了我人生豐富的職涯旅程。

如果我捨不得那份薪水，而不做出改變的話，我會漸漸失去競爭力，總有一天被市場淘汰。而那個改變過程，做決定時是非常困難的；但是一旦踏出第一步，反而事情變得容易多了，因爲問題會自動找上門，每天爲解決難題而奮鬥著，沒有時間煩惱。再加上因爲是爲了自己設立的目標而努力，會變得很有戰鬥力。

因此當你覺得生活不順遂時，千萬別歸類於負面情緒，反而要正視這種感覺，然後面對它，想辦法搞定他。當你覺得你的生活卡卡的，那可能是一種警訊，記住這種不舒服的感覺，因爲你不想一直這樣下去，所以就有動力去思考改變。所以不要忽視了這種感覺。

人在順境的時候一定舒舒服服地過日子不想改變，唯有在自己感到卡住的時候，才會想要有扭轉或改變的想法。如果什麼都不做，那麼這種卡住的感覺就會再持續下去，磨損我們的意志力，終日惶惶不安。所以當人生覺得哪裡怪怪的時候，請停留一下，開啓自我的對話，沉澱思考爲什麼會如此？我過去做了哪些事情才會導致如此？我現在該做哪些事情來讓它翻轉？如果想改變那會是什麼？

人生覺得不對勁一定是有原因，總之搞定它。要不就做出改變，要不就是砍掉重練，反正就是不要一直停在原地，什麼也不做。千萬別錯過這個讓我們有機會改變的重要訊號。

人生無常，我們無法預料未來會發生什麼事情，人既然如此，那麼就培養一種可以搞定的能力。管它來者是驚濤駭浪，還是洶湧波濤，反正就是搞定它，想辦法乘風破浪，那我們就不怕在汪洋大海中航行了。

在某次帶領一群創業和二代接班人的學堂，我請他們用四個字來形容自己想要的人生，其中一位學員分享的是「享受挑戰」。我問他爲什麼不是迎接挑戰，而是享受挑戰？他說既然挑戰逃避不了，享受比迎接更令人振奮。迎接只是被動地接受，就像遊戲打怪，倒不如將逃避和討厭的能量轉成有能力享受突破難關的快感。我相信當他可以詮釋「享受挑戰」的時候，他是眞的不怕挑戰，甚至還希望迎接更多挑戰來鍛鍊自己能力呢。

我們與其害怕明天的風雨，倒不如儘快準備對抗風雨的能力。當有一天發現自己可以具備「兵來將擋，水來土掩」的從容，那就對了。

PART 2

職場心智力

穿上老虎皮，為專業形象加分

我們尊重制服就像尊重我們自己的專業一樣，就算在沒有制服的行業裡，穿著也是專業的一部分。專業是一種內斂，但也是一種外顯。

「穿上老虎皮去見客戶」，這是我以前在當主管的時候經常提醒下屬的一句話，意思就是見客戶前把專業的外衣穿上去，別因爲小小的穿著而被客戶扣分數，得不償失。

記得我創業初期公司還很小的時候，有一次客戶需要我們送達一份緊急的檔案讓總經理簽，於是請一位同事趕計程車火速送到客戶處。事後這位客戶窗口竟然打電話來跟我說，以後請不要派工讀生來。我表示這位同仁不是工讀生，而是我們的服務督導，客戶反而很訝異地說，你們督導爲什麼會穿得像工讀生？

說實在的，那位同事是我們的一位專案督導，已經工作兩年，工作認眞，聰明伶俐，只是經常穿著一派輕鬆，牛仔褲T恤的裝扮到公司上班。

客戶表示我們既然是公關公司，管理的是他們的形象和聲譽，希望我們的服務人員也可以展現專業的樣貌，當她介紹同事給總經理時，讓她覺得很尷尬。我想想客戶這番話也有道理，我們是負責客戶行銷管理的公司，如果連我們自己的外表和形象都不打理好的話，如何說服他人有關專業的事務。這也是爲什麼我們在銀行、在房仲公司、電信公司看到了一些服務人員必須要穿制服一樣，制服本身就是一種符號，就是告訴你他是某方面的專家。我們尊重制服就像尊重我們自己的專業一樣，就算在沒有制服的行業裡，穿著也是專業的一部分。

現在很多新創公司或是講求創意的行銷公司，並不是太在意服裝禮儀，總是一派輕鬆的牛仔褲搭配T恤，有時還以此刻意凸顯企業文化的開放和自由，這當然是時勢所趨。然而我卻認爲想穿著隨興卻不能邋遢，況且可以穿出隨興休閒風還是要有一些美感的技巧，大多是那些在大品牌的 CEO 們及高階主管，或是名人們的氣場比較能夠撐得起來，因爲人們已從他的作品和頭銜中認可他的能力，穿搭隨興反而變成一種流行風格；但一般人有時很難駕馭，所以格外要小心。

但對於剛入職場的年輕人而言，可能沒有這樣的機會。當別人還不認識你的時候，總會從你的服裝、外表、儀態、神情去判斷你的工作能力，所以這時候反而應該要謹慎地去管理自己的服飾和外表，千萬不要一派輕鬆地覺得穿什麼都無所謂。這不是老派，而是在未知狀態下最沒風險的待客之道。

我以前經常跟員工講的一句話就是，「記得穿上你的老虎皮」。意思就是到客戶面前記得把專業的服裝（老虎皮）穿上，不要因爲外表的隨便而被扣分。因此在我公司客戶服務部門的同事們都會準備一件西裝外套，女性還會準備厚底高跟鞋，以備不時之需。

想要別人怎麼尊敬，就得先這樣尊敬自己；想要別人怎麼看你，就得先這樣打扮自己。曾經有同事反駁我，其實不是每一位客戶都喜歡我們這樣正經八百的穿著，或許如此，但我認爲第一次碰面寧願穿的正式過度，也不要不及。等到與客戶熟捻之後，了解客戶的喜好，才可以調整爲正式休閒風（Smart casual）。

專業是一種內斂，但也是一種外顯。內在我們必須要花時間修練自己的能力，證明我們可以，才能在外表服裝上得到認同。我相信賈伯斯和祖克柏都是因爲先有了經營能力，別人才會欣賞他們始終如一的T恤穿著。

「讓客戶知道」是專業服務重要的一環

專業並不只是你可以把事情做好而已，而是在做事情的過程當中，可以讓客戶有充分的放心。

很多人都以爲專業就是了解客戶需求，解決客戶問題，結果讓客戶滿意就算是一百分了；但很多人都忽略，讓客戶知道進度，其實也是服務很重要的一部分，包括進行的時間表及進行的流程。

但我發現很多人都以爲不要常打擾客戶，事情要告一段落再跟客戶報告比較好；但往往客戶已經開始焦慮，可能覺得你不在意，你不關心，慢慢流失對你的信任，實在有點得不償失。

前一陣子我的舊房子委託仲介公司賣屋，過了一個月都沒消沒息，到底有多少人看了這房子，有沒有人有興趣，怎麼完全沒有回報，我就覺得很奇怪，心裡納悶的很，於是問了仲介。這家仲介回說，是有人看了，但沒出價所以都沒有跟我們回報。我說看了沒出價也是一種狀況，至少每一、兩個禮拜來個訊息回報，都能讓我知道你有在進行，我也才能放心或調整策略啊。

另外有個裝潢委託設計師設計，也是委託了案子之後完全就沒有下文，追問下對方才說已經去看了現場，也正丈量過面積，正在和團隊想企劃案，想要等企劃案出來之後再跟我約時間。

專案負責人說「因爲你很忙，所以不想打擾你」，聽起來是很好的說詞，問題是可不可以被打擾，應該由客戶決定，而不是自己的假設。客戶交辦的事情讓他知道狀況就不應該是打擾，只是報告方式和頻率可以和客戶討論。

最好是事先約好下次預期碰面的時間，然後時間往前推，計劃你應該履約的進度，令我訝異的是，我原本以爲這是專案人員該有的訓練，後來發現很多服務業人員並不了解這個重點。

專業並不只是你可以把事情做好而已，而是在做事情的過程當中，可以讓客戶有充分的放心。這就包括要主動報告目前的進度，若讓客戶不斷地來詢問或提醒，這就表示客戶開始焦慮，不放心了。

其實專業就是在建立信任的過程，需要很多細節的用心慢慢累積而成，包括溝通的細節和流程。「讓客戶知道」雖是小事情，卻是影響客戶對你觀感的重要因素。這就是爲什麼有些公司可以收比較貴的費用，爲什麼有些公司不行，差別就在於能不能讓客戶放心。

我觀察很多人接了專案之後，就埋首在工作中，忽略了要和客戶保持聯繫，並沒有定期更新進度，以爲只要提出好的方案，客戶就會滿意。但是往往客戶心意的改變，比你想企劃案的速度還快。所以最好的方式是密切與客戶連絡，報告進度，客戶也會告訴你他的想法，幫助你企劃案做得更精準。

這也是我以前在公關公司工作的一個小祕訣。當我寫企劃案卡關時，或是不很確定客戶眞正的想法，這時候我就會藉機告訴客戶「我在寫企劃案的過程遇到了小小的疑問，想跟你討論一下」，這時候客戶大都會很熱情地回答我的疑點，並且不會覺得我在打擾他，他會認爲我正在傷腦筋解決他的問題，所以甚至還會釋放資源幫我解決問題。所以不用害怕會暴露你的缺點，多跟客戶保持聯繫，或許他也有機會釋放資源來幫你一起解決，通常這個方法很有用。

遺憾的是很多人以爲告訴客戶我的困擾，可能會顯現自己的能力不足或是不夠專業，另外就是害怕跟客戶溝通，尤其是嚴厲的客戶，因此寧願完成之後再和客戶報告，也不要中間挨罵。

可是事實上反而相反，你跟客戶討論專案的內容，第一可以讓客戶知道你正在爲他努力，第二你也讓客戶知道事情是在進展中，第三運氣好的話，客戶也會釋放更多有用的資訊給你，幫助你成功。

以前在公關公司很多次比稿之所以能夠勝出，都只是我們在過程中有勇氣多問了客戶一些問題，多得到一些資訊而已。所以不要害怕客戶，要找對方式持續溝通。人都是一回生兩回熟，最起碼定期報告進度，讓客戶放心，客戶一旦放心，很多事情就好談了。

勇於說出自己的企圖心，才有機會被看見

不要認為你默默的努力，老闆就一定會知道，其實老闆都很忙，不見得會注意到個人。所以練習自己能夠正確而說出感想或是提出建言，在職場上非常重要。

含蓄一直被視爲是女人的美德，但是放在工作上就不見得。若是在工作上太含蓄的話，不直接表達自己的意見，會被主管認爲被動或是不積極的。很多人覺得自己的努力主管應該看得到，不需要喧嚷，小心含蓄地隱藏自己的企圖心，尤其女人就怕別人覺得是有野心的人。但在現在的職場，這樣的心態是注定要吃虧的。

有一次公司總監出缺，我屬意兩位同樣優秀的候選人，找了他們問同樣的

問題：如果有機會接任這個位置會如何做？男同事非常積極地表示他願意擔任，並馬上分享他的計畫，將如何帶領團隊和爭取哪些客戶。不辜負我的期望，充滿了企圖心，讓我印象非常深刻。

而另外一位女同事表示能夠受到我這樣的青睞有點受寵若驚，表示很怕自己能力不夠，不知道能不能勝任。其實我看她眼睛裡充滿了興奮，但是言語上又表現得很謙卑和禮讓，一副要我再加把勁鼓勵她，肯定她來承擔這個責任的樣子。如果你是老闆的話，你會選擇哪一位同事呢？

我相信大部分的領導人都願意把機會給有信心，相對意願比較高的人，因爲我們心裡想的是，你必須要先啓動自己內心的渴望，才會有熱情地承接這樣的挑戰，如果是因爲我的勉強或是鼓勵，你會不會動力不足呢？所以意願很重要，意願就是一種企圖心，一種你想要爲這件事情負責的決心。

眞的想要，就要說出來，不要扭扭捏捏，也不要欲擒故縱，我們在職場上需要的直接而正確的表達。在職場久了，我們寧願跟那些直來直往，沒有心眼的人交往，雖然有時會被氣死，但至少清清楚楚；反而不願意跟說話委婉卻不斷繞圈子的人共事，大多時候他們不講出心裡的話，拐彎抹角，花了一堆時間卻搞不清楚到底他們的意圖或要什麼，覺得很累。

不要認爲你默默的努力，老闆就一定會知道，其實老闆都很忙，不見得會注意到個人，尤其你安安靜靜地默默工作，會議裡該說話的時候又不說話，除非有人特別提醒，否則老闆很難發現你的存在。所以練習自己能夠正確地說出感想或提出建言，在職場上非常重要。你希望別人注意到你，必須要找機會讓別人看見或聽見你。

職場上時間很寶貴，職場不是談戀愛，沒有人有空去猜你心裡在想什麼，你不說別人也懶得猜。同樣表現優秀，主管喜歡把機會給那些有企圖心的人，因爲有企圖心能夠激發工作的動力，具有達成目標的極大潛力。企圖心不見得就是野心，野心是不屬於自己，自己做不到卻千方百計想要的目標；而企圖心是可期待，可達成的目標。

所以新世代的工作者，應該要勇於說出自己的企圖心，甚至可以邀請你的主管一起坐下來共同企劃你的未來。雙方共同列出目標，一方面可以讓公司了解你的意願和專業，二方面讓你的計劃符合組織和企業的需求，以及了解企業的培訓計畫。

這樣雙贏的策略才是現代企業、主管和員工所應該要建立的關係。當主管的也必須要有胸襟雅量去栽培具有企圖心的下屬，畢竟他們的成功將是你領導力的最佳證明。

對於專業，我學到當頭棒喝的一課

專業的顧問都會設想可能發生的每個情境，並且為這些可能情境擬好解決方案。專業服務就是要避免意外。

年輕時總以爲應變能力勝過事前準備，尤其是過度忙碌沒有時間準備專案時，就會給自己找藉口，總認爲計劃趕不上變化，變化趕不上一通電話，再怎麼準備還不如應變能力強來得妥當些。所以年輕的時候，我有很多時候都是靠機靈來解決突發事件，有時候過關了就不免沾沾自喜，之後就更會找藉口不會花時間去準備瑣碎的事情。

直到發生一件事情，我才頓悟自己怠惰的心是如此地不可取，從此我開始收起輕忽的心態，嚴謹地面對即將會發生的事情，做好最充足的準備。這件是發生在創業初期，有一位國際大廠的亞洲總裁來台灣視察分公司，順便想評估一家公關公司負責他們的形象規劃，那時候藉由媒體的推薦，找上了我。

那一次我簡單地攜帶了公司簡介就去飯店跟他碰面，他詢問我創業的初衷及團隊成員的背景，那次碰面相談甚歡，最後即將結束談話時，他說「Olive，妳把合約拿出來吧，我給妳一年的合約。」我也很自然地回答，「好，明天準備好合約送給你簽。」沒想到他竟然很訝異地看著我說「妳難道沒有準備合作備忘錄（memorandum）或是想和我們合作的文件嗎？」我愣了一下，有點汗顏。

我永遠忘不了以下這段話，他說「我過不久就要去趕飛機了，妳有沒有想過我極有可能變卦？這中間我或許會改變我的想法？」這句話對我當頭棒喝，是我太輕忽這個碰面，這麼重大的機會我竟然沒有做足準備。的確機會是不等人的，訂單只有簽下的當下才是握住的，口頭或意向的都還有一步之遙，我不懂把握機會，下一秒可能就飛了。我無話可說，真誠地跟他表達我的疏忽，告訴他，我馬上準備文件到飛機場跟他碰面。

我非常感謝他給我上的一課，原來積極的業務人員，是要預想任何可以拿下合約的每個步驟，從此以後我開始認眞了解做個專業的顧問的流程和細節。現在我在重要時刻時，都會設想可能發生的每個情境，並且爲這些可能情境擬好解決方案。尤其是在幫客戶執行重大活動或者是危機案例時，必須模擬可能的情境及解決方案，這都是要確保結果沒有意外，專業服務就是要避免意外。

之後我和這位客戶成了好朋友，他才告訴我，是因爲他特別支持我這樣獨立的創業家，所以願意破例給我一次機會，否則以他的個性和專業訓練，沒準備好的人他絕對不會給第二次機會。因爲他會從這些小事情來判斷一家公關公司是否會爲客戶的需求做最好的準備。

這件事情對我後來創業的態度影響甚大，我之前的個性總是很隨興，覺得很多事情都會又變卦，所以船到橋頭自然直，有應變能力就好。自從這次經驗以後，我就會多想幾步，有關接下來的活動可能會碰到的各種狀況，整個流程都會在我的腦海裡演練一遍，然後思考應對措施，確保所有事情都是在自己預料之內。當然千想萬想，有時候還是會發生不可預料之事，但至少我們可以把傷害減少到最低。

眞正的專業必須包括從交付任務的開始到完成的中間過程，都可以一致性地讓客戶感到安心和信任。若有可能意外也盡早讓客戶知道，調整他的期望值，如此一來，可能的意外也會變得沒有意外。

信任是先給予，才能獲得信任

好的企業其實決定聘僱的那一剎那就已經給予員工信任了，可以的話還是先選擇相信他人，因為我們先假設對方可信任，否則如何做事，如何合作？

你是如何決定信任某個人？

通常我們都會如此想，要先觀察他的言行舉止，確認他是否言行一致，確認他是否誠信忠實，才決定要不要信任他。我也曾經以爲如此，然而實際經驗卻告訴我並非如此。在職場上如果兩個陌生人必須合作，到底誰要先信任誰？如果我不想給出信任，憑什麼要求別人先給我信任。

信任是要先「給與」才能獲得信任，美國著名作家海明威曾經說過，「確認某人是否可以信任最好的方法，就是信任他們」。其實企業在聘僱人才的過程當中，就已經先給予信任，而不是找他們進公司來觀察才決定要不要給他們工作。所以好的企業其實決定聘僱的那一剎那就已經給予員工信任了，而勞資雙方在往後合作的日子裡，若能從相互給予信任中慢慢地靠近，要麼就會有很強的企業文化，否則大家互相猜疑，如何能夠團隊合作呢？

在給出信任的過程中，我們可能被騙，曾經受傷，所以我們不再天眞，不再浪漫，逐漸收回對人的信任，但是可以的話還是先選擇相信他人，因爲我們先假設對方可信任，否則如何做事，如何合作。信任是先給與才能獲得回饋，兩人中總要有一人先主動，我願意做那主動的一位。

我想起在我的創業歷程中曾經遭受到親信的背叛，雖然有人建議我不要再輕易信任員工，雖然我也曾一度對人性失望，但是後來慢慢沉澱想清楚，一旦我不再信任員工的時候，那才是我最大的損失。因爲我會變得疑神疑鬼，最後同樣也失去了員工的信任。從那一刻我了解到選擇相信別人，其實是對自己最大的福報。

但如果有人利用了我們的善良，他也從此失去我們這樣一位這麼忠實的朋友，那將是他的損失。我們寧願因爲信任而受騙，千萬不要怕受騙而失去原來的自己。

前一陣子我和台灣的中小企業主一起到日本參訪幾家中小企業的品牌改造計畫，也見識了文化差異和震撼，對於信任這件事情有了更深的認知。其中走訪一家專做食品進出口的公司，他們的 CEO 親自出來接待我們，在會議室中做了精闢的簡報。

他告訴我們他們經營一個很受歡迎的甜點品牌，這個產品是由他的好朋友所研發出來的，朋友負責製造生產，他負責行銷。透過他的全國店面通路和網路，在日本全國賣得非常地夯，成了搶手的品牌。

我們問 CEO，那這個品牌的所有權是屬於朋友的，還是屬於他自己公司的？CEO 回答當然是朋友的。台灣的團隊又狐疑了問，「可是工廠只負責製造商品，問題是所有的銷售、通路、宣傳，都是你做的不是嗎？既然你能夠掌握通路、銷售，擅長行銷，其實可以自創品牌，自己開出規格請工廠製造就好，爲什麼不自己經營品牌，而去幫朋友打品牌呢？」

這下反而 CEO 一臉疑惑地回答，這品牌本來就是朋友的啊？他說，對他而言他跟他的朋友各司其職，配合得很好，他擅長品牌行銷，他朋友製作生產，這樣不是很完美嗎？他從未想過自己要自創品牌跟他的朋友打對台；而他朋友將商品獨家委託他行銷，這麼暢銷的品牌從未將產品委託過別人銷售，他認爲這就是一種信任。

我們台下沉默了幾分鐘，了解台日文化差別，更尊敬日本商業上的信任道德。信任就是給予，沒有什麼但書。比賺錢更重要，就是和夥伴之間的信任。對於台灣的創業團隊的思維，只是創造自己最佳的機會爲最大的考量，認爲如果自己本身有行銷和通路的優勢，當然要自創品牌，產品找工廠代工就好。格局上只思考到「利己」，而未思考到「利他」。

我開始欽佩眼前的這位日本人，雖然只是中小企業，但是他們各司其職，不會越雷池一步。原來信任不是只有不背叛，還包括謹守分際，不占別人的便宜，縱使利益在眼前，仍然不心動。或許台灣創業家覺得他不夠積極，夢想不夠大，不夠有企圖心。但是他只是有所爲，有所不爲。

台灣人很擅長在困境中殺出一條血路，也很知道如何應變和具有彈性，但是中小企業也要逐漸學習當企業家，而不是只當生意人。企業家是除了賺錢之外，還有自己堅持的價值觀，當生意違反那個價值觀的時候，寧願犧牲賺錢的機會也要守住那個價值觀。這樣的企業才會受人尊敬，才會基業長青。

先給信任才能得到信任，我學到了一課。

多看事實，別被偏見左右情緒

不要有先入為主的觀念，用事實來看事情，而不是用情緒來決定和判斷事實。

人性本來就會有偏見，有主觀意識，所以客觀的人才特別可貴。而客觀最重要的是要擺脫偏見，不要有先入爲主的觀念，用事實來看事情，而不是用情緒來決定和判斷事實。

不要以爲根據事實說話是一件簡單的事情，有時很難，尤其是跟我們相關的人、事、物，難免會加上自己的情緒和觀點，這樣就有可能會產生偏見。其實事實是最中立的，不帶任何情緒。譬如說A和B發生衝突，A打了B，這是事實。但由於A是你的好友，所以當你聽到A說，是因爲B激怒了他所以才動手，因此你就對A的錯誤行爲包容，認爲所以A打了B是B活該。就這件事而言，A打了B就是事實，至於你認爲的A的行爲是情有可原，那是你的看法甚或偏見，不是事實。

偏見往往讓我們錯失了良機，也可能讓我們蒙蔽了雙眼看不清事實，我們通常潛意識裡都會有一些既定的想法，譬如我們以爲年輕人就是沒經驗，辦事不牢，所以不把機會給缺乏經驗的人。可是我們每個人不都是從毫無經驗的第一次機會開始，才變得有經驗嗎？

或者我們認爲女孩穿著暴露就是輕佻，其實那只是現代年輕人表現自己的一種方式，用這樣的角度去評判一個人未免失眞，而且不公平。我們不希望被貼標籤，所以要警惕自己不要隨便去貼人標籤。

在職場上我自己就曾經因爲偏見而錯判一位客戶，差點因此失去一個大好機會。當時聽了某人評斷一位客戶很挑剔很難搞，因此當這位客戶找上門時，我處處防衛，處處保留，沒有敞開心胸告知專業的想法，一開始就想打退堂鼓，最後是團隊積極爭取做這個案子才再合作。

再合作之後，我發現她其實個性爽朗，凡事講效率，在專業上非常要求品質，所以嚴謹，但沒有不合理的要求。原來之前評斷的人跟這位客戶合作過，因為無法達到她要求的品質，被退件了好幾次，因此對她頗有微詞，到處抱怨；而我只是剛好聽到的人，因此產生了錯誤的判定，差點失去一位好客戶。

現在回想起來捏了把冷汗，原來偏見影響了我的行為，還好我的團隊堅持下來，沒有釀成大錯。這個教訓讓我後來儘量眼見為憑，但這還不夠，眼見了之後還要打開心胸看待事物，練習不論別人怎麼說，先拿掉任何預設立場，自己經歷後再做判斷。

現在社群網路年代，經常有些酸民網友會在網路上給人亂貼標籤，我們雖無法阻止別人的行爲，因此除了自己要謹言愼行之外，我們也必須知道要如何保護自己免受傷害。當別人潑你汙水時，不用動怒想把汙水潑回去，最重要的是冷靜應戰，別被情緒所左右。有時候眞正的事實是，對方故意要激怒你，讓你失控而犯錯，我們果眞的如此做的話，就剛好中了對方的圈套。因此任何時候聽到不舒服的言論，千萬拿掉情緒看事實，或許會更清楚。

連結人脈需求，創造利他機會

真正的人脈不是你認識誰而已，而是在這些認識的人當中，你對他們做了什麼，幫助了什麼。

我有一位朋友非常的特別，他是天生的業務高手，擅長經營人脈關係，他有一條特別的天線，總是可以把他認識的人、事、物串連起來，有時不同的族群、不同的行業，經常在他的引薦之下連結在一起，然後有更多的合作關係。

譬如他會將他學生的生意連接到另外一位學生的生意，看會發出什麼樣的火花。有時候也將周遭有需求的朋友介紹給他認識的廠商，或將廠商介紹給業界朋友，看他們有沒有專案合作的機會。說也奇怪，有時候兩造雙方就這麼有因緣地合作了起來，所以他也促成了很多合作案，幫助了許多人、很多的學生。

其實他也不是胡亂介紹，而是先了解雙方的核心價值，然後將兩方的價值相互對接起來，讓事情發生。譬如我有一位學生開發產品的模型一直有問題，他知道之後馬上介紹他認識的另外一位做模具的學生認識，結果一拍即合，進而投資變成夥伴。

譬如有一家傳統企業想要做品牌行銷，他趕快介紹認識的廣告公司老闆去接洽，並且還會盯緊進度，將計劃如約進行。譬如他知道我會畫畫，就馬上問我要不要介紹藝廊的老闆跟我認識，代理我的畫。

或許有的人會認為這種人很「雞婆」，但是這個社會現在越來越缺乏雞婆的人。這種雞婆的人反而具有行動力，讓很多美好的事物發生。其實在這個社會上有很多事情會完成，都需要靠中間人的力量和牽線；這種人必須要清楚雙方的價值和核心專業，才能有機會將需要的兩造雙方串連起來，驅動合作的機會。

這樣的人眞的是要有天生的敏銳度，加上熱情和積極度，然後在他腦袋瓜裡面自然有一個豐富的資料庫，周圍所認識的人都會被分門別類地歸位，一旦需要的時候他就很自然地啓動這些資源。

我從他身上看到了我的缺點，就是很多事情怕麻煩別人，也怕打擾別人，有時也怕別人想我是不是有圖利所以不敢介紹。因此曾經有朋友埋怨我以前在企業任職的時候，反而都無緣做我公司的生意，因爲我怕人說話，所以利益迴避。

因爲這樣的觀點，我一些連結人脈的天線就會自動關閉，久了之後就缺乏聯想與連結的能力，人際關係也就會有極限。明明身邊資源人脈很多，但是要用的時候常常想不起來。

如今的我不再這麼想，迴避利益與給人機會並不衝突，如果我認識的人能力眞的強，我至少應該讓他們有機會參與比稿或標案，只要我個人迴避，讓組織用制度公平地執行和審核就好。

像我這位朋友幫助了很多他周邊的朋友連結在一起，大家相互認識，這樣的連結越做越多，人脈也越來越廣，然後以他爲核心發射出一個衛星式人脈。大家有什麼問題都會先諮詢他，然後他又有機會去連結他認識的資源做利他。所以他現在也成了很多企業熱門的首席顧問，證明「利他」眞的是一門好生意。

其實眞正的人脈不是你認識誰而已，而是在這些認識的人當中，你對他們有多了解，還有你對別人做了什麼，幫助了什麼。如果你的行爲都是利他，眞的對別人有貢獻，你的人脈才是眞正的人脈，關鍵的時刻這些人脈才能產生作用。

如果人們可以以「利他」爲出發點，連結人脈，處處思考有什麼地方可以幫人，相信世界更美好。

面對不平等待遇，要立志讓自己強大到別人不敢欺負

在商業上講的是實力，當你強大自己之後，那些冷眼冷語，想要見縫插針的人就自然知難而退了。

職涯的過程當中，我們難免會遭遇到不平等的待遇，我們除了生氣之外，還應該怎麼做呢？

我認識一位女性創業家，她努力又專業，具有男性阿莎力的氣魄，面對困境咬著牙迎接挑戰，但面對弱小時，二話不說兩肋插刀。在創業過程遇到夥伴的背叛，仍然一笑置之，其實心裡淌血，卻反倒安慰他人，告訴對方不用道歉。

她曾經用心栽培的工作夥伴，學會之後竟然跑去跟競爭者合作，可說是在她心頭劃了一刀。還有一次她將合作的夥伴介紹給另外一位大廠之後，原本有合作關係的對方，竟然跳過她就直接找大廠合作。類似像這樣被背叛的事情層出不窮，但她還是很大氣和對方保持友善的關係。有人爲她打抱不平，要她去警告對方，以後不會再跟他們合作，但她這樣的事也做不出來。

如果是你遇到這樣的情況，除了失望、埋怨及生氣之外，你會怎麼做呢？有什麼辦法可以讓自己不再被欺負。她說，唯一的方法就是讓自己更強大，強大到有一天別人無法欺負你。

這位女創業家就是這樣，她立志要將公司做大做好，直到這些人不敢隨便占她便宜爲止，這是她不服輸的一口氣。轉換成在公司上，她更有能量專精在自己專業的領域上，研發市場上獨一無二的產品，敞開大門與大廠合作，不在乎大廠占她的便宜，同時她也扶持沒有資源的小廠，讓他們有生存的空間。我必須說，我佩服這樣的俠女。

她公司小，時常被莫名地欺負，這些人還沒有愧疚感。有人問她未來是不是要防一下別人，不要這麼有義氣地幫助他人，她很大氣地回答，如果是這樣的話，那就不是我了。

這讓我想到我在創業初期，也受到很多挫折，遭受流氓記者的威脅，被廠商倒帳，被客戶辱罵，被親信背叛。曾經好幾次思考是否應該結束公司，回去當上班族算了，何必這麼辛苦地過日子。但是也都因為不服輸的個性，讓自己都挺了過去，一段時間之後，我就發現自己有長出了一個新的力量，未來再遇到類似的事情就難不倒我了。

人弱小的時候容易被欺負，同樣公司規模小的時候也容易被欺壓，有時候我們心灰意冷，有時候我們精疲力竭，雖然擦乾了眼淚再站起來，但深思過後，我了解唯一能終結這種狀態的方法，只有不斷地讓自己強大，直到強大到有一天沒人敢欺負我。

唯一不再受制於人的辦法也只有讓自己強大，否則被欺負的情境總會永無止境地出現，尤其在商業上講求的是實力，當你將自己強大之後，那些冷眼冷語，想要見縫插針的人就自然知難而退了。所以與其花心思去對付那些暗黑勢力，倒不如將心思放在讓自己強大。

所以從那時候開始，我便開始專注在工作上，雖然沒有創業過程那樣艱辛，但是我很清楚自己要什麼，知道唯有讓自己能力更強，讓公司更好，才有機會與客戶平起平坐，也才有談判籌碼。從那時候開始，我聚焦在客戶的需求，找尋市場上一流的客戶，聘僱優秀的人才，提供一流的服務；我告訴自己，一定要成爲一流的公司，才有機會被看見。

讓自己的專業被看見，讓公司需要你，讓客戶需要你，非要你不可，這樣才有談判的空間。個人的話讓公司知道失去你，公司會很辛苦；企業就讓客戶離不開你，讓客戶知道放棄你會付出更大的代價。唯有當自己不受制於人，等別人需要你比你需要他的時候多，你就可以立於不敗之地。這是我自己在經營企業後的體會。

我祝福我那位朋友，她的包容與大氣能夠讓她得到更好的貴人與福氣，期盼她早日強大成功，這才是對周邊人的福氣。

PART 3

一切都關乎自己……

選擇困難症？只要釐清什麼是最重要的

不要一直糾結在最美好的方案而無法抉擇，當清楚了每個選擇背後的付出與代價，就要勇敢做出取捨。我們必須學會「概括承受」這四個字，了解什麼才是重要的，為了那個重要的可以付出相對的代價。

這個想要，那個也想要。在面臨抉擇的時候好難下定決心，有什麼撇步嗎？

有一個名詞叫選擇困難症，聽說有這種症頭的人還不少。就是那些難以取捨，難以做決定的人。在目前 VU CA 的年代裡選擇更加困難，因爲沒有標準答案，沒有絕佳的途徑，通常都是在不確定、模稜兩可的狀態之下，要選擇一個相對適當的方案，所以困難重重，於是越來越多人說自己得了選擇困難症。

人性選擇時當然希望有完美的組合，買東西最好能物美又價廉，擇偶時最好能有高富帥，或白富美，工作最好錢多、事少、離家近。我相信這樣的期盼凡人皆幻想過，但這種發生的機率太低，與其做白日夢，還不如思考無法符合期待的時候，我們該如何選擇？

任何美好的事情其實都有代價的，只要想清楚代價就可以做決定。我遇到難以抉擇的時候，我的辦法是犧牲「第二」需求去換取「第一」需求，因爲我不可能兩個都要，否則選不到。譬如一個我喜歡的東西超出我的預算，另一個符合我的預算但是沒那麼喜歡，這時候我得選擇我的第一需求到底是預算還是喜歡。如果預算對我比較重要，那麼我就犧牲喜歡的，如果喜歡比較重要，那就付出價格。

認清了這一點，就容易選擇了。很多人貪心看不透，兩個都想要，不願放棄次要的，所以產生了選擇困難症，想要每個方案的好處，卻不想冒任何的風險或者付出任何的代價，當然就得不到所謂「最好」的方案。

不要一直糾結在最美好的方案而無法抉擇，很多人總是拉扯在其中，卻不想承擔有風險的另一面，進退失據。那是因爲完全沒有釐清優先順序，以及自己所想要的該付出什麼代價和努力。

當清楚了每個選擇背後的付出與代價，就要勇敢做出取捨。心態平衡了，其他就沒問題了，知道就算不滿意也不會不甘心。如果一心只希望全贏或是有奇蹟發生，那就只好等待和看運氣了，完全不去思考自己該付出的代價，這是非常不切實際的。

選擇困難症的人的心理大多是不想吃虧，不想承擔風險，或是不知道自己眞正需要什麼，所以什麼都想要。於是面臨到抉擇的時候，就沒有優先順序，猶豫不決。

譬如想要創業成功又想要過輕鬆的日子，這種事情根本不可能發生，你只能選擇哪一項對你才是最重要。若是想創業成功就必須全力以赴，比別人多付出時間和心力，才有一絲成功的機會。倘若是認爲過輕鬆的日子比較重要，那就放棄創業的夢想，找份輕鬆工作也不要計較薪水，這樣才叫實際。

對與對的選擇，或是好與好的選擇，我們都會選擇，通常會困擾我們的，都是每個方案裡面有你想要的部分，也有你不想要的部分。所以我們必須學會「概括承受」這四個字，了解什麼才是重要的。爲了那個重要的可以付出相對的代價，才能做成決定。

我知道很多人怕選擇是害怕未知，可能有風險，萬一選錯了怎麼辦？的確事情未發生前我們可能不知道結果，也沒有人可以告訴你結果，但唯一能成功的，就是將我們的選擇，做到變成對的爲止。

如何做到對，那就是過程中一直不斷地修正，直到越來越靠近那個對的目標。否則乾脆認賠了事，另擇一條路走。總之不要在猶豫、懊悔中搖擺，最後原本是選對的，也會變成錯的結果。

所以做選擇一定要認清一個觀念：選擇你想要的，得到好的一面，但附帶的也願意付出一些代價。選擇本來就有一些未知的風險，重要的是你願不願意承擔。想要財富自由，就得冒險，所以才會有人創業，有人到海外打拚。像這些行動風險都高，但是成功之後，報酬也高。

當你願意承擔之後，就容易下決定了。看清楚最壞的風險是什麼，這個代價是我承擔得起嗎？如果可以就往前衝吧，如果承擔不起的話，也可以先選擇次要的方案，等時機成熟了，或是能力足夠時，再去選擇你最想要的方案。

人生最酷的是，無論如何做出選擇，然後爲它負責。

訓練自己做決定，問自己三個問題

做決定，最重要的就是先問自己要什麼，倘若從未徹底地思考過，當然選擇就像在賭博，每一次都要靠運氣，也不知道結果會帶你到哪裡。

果然遇到一位年輕人跟我說，他覺得自己有選擇困難症，我好奇問他怎麼會有這種判斷。他說發現面對人生重要的選擇通常有兩種狀況，一種是不管怎麼選擇好像也都差不多，就像想買一件衣服，預算也只有一點，但眼前看到的三件價位差不多，都很喜歡，所以不知選哪件。另一種是選了之後會差很多，更不敢選。譬如換工作。他覺得很煩，希望我給點建議，如果差不多和差很多都不知怎麼選，那麼可以預見的其他的選擇題更別說了。

老實說這是一個多元化的時代，現在的人比以前人選擇性多很多，照理來說我們更應該感覺幸福快樂才對；但是卻反而感到不安，不知如何選擇，陷入極端的焦慮，這是怎麼一回事？

我發現多元的選擇只適合那些堅定、有方向的人，對於不知道自己要什麼的人反而是爲難他們了。他們的問題不在於選擇困難，在於根本不知道自己要什麼。

相反地，對於清楚目標的人，再多選擇也不會干擾到他們，對他們而言，多樣選擇只是加強他們比較的基礎，爲自己爭取最佳的戰略地位而已。但是對於不知道自己要什麼的人而言，選擇性太多只是徒增焦慮和煩惱，還不如不給他們選項，直接命令或是告訴他們只有一條路。有時讓他們沒有退路，反而能更幫助他們單純地向前跑。

新世代的年輕人，很多人衣食無慮，大學可以選擇延畢，考研究所、壯遊（Gap Year）、遊學、打工渡假，或是可以選擇全職或兼職。等到畢業季到了，就有人產生了這種選擇困難症，不知選哪樣才好。這些不知道要什麼的年輕人到處詢問，越問越是焦慮，越不知如何下決定，因爲每個發言者都有他們的角度和看法。有的人建議A，有的人建議B，聽起來好像都有道理，結果發現每一個選項都有它的理由，但每一個選項也都不保證前途一片光明，所以同學們就卡住了，更加不敢選擇。

像我這一代的戰後嬰兒潮，當年因爲資源不多，選擇不多，在畢業的年紀就心無旁騖地趕快找工作，投入職場，只想早日賺錢來減輕父母負擔，反而專注地工作，用自己的力量轉變命運，走出自己一條路。在懵懵懂懂的年紀，還不確認自己要什麼的時候，選擇性不多反而是優勢。

選擇困難症的人要不就趕快探索自己，尋找知道自己要什麼，要不就先投入一個不討厭的選項，先試試再說。一個不知道自己要去何處的人，當然不知道該如何選擇？先冒險，在嘗試的道路中慢慢找尋自己，認識自己，不經過這樣的過程，我們無法知道自己要什麼，適合什麼，猶豫彷徨是最浪費時間的。

回到前面的問題，如果感覺選什麼都差不多，那表示可能不是太重要的選項，那就選哪個都好，反正都差不多，那又何必煩惱。如果是結果會差很多的選項，那就多想一想，會差在哪裡？最糟是什麼？衡量一下自己承擔得起嗎？選自己承擔得起的，就這麼簡單。

所以每次重大的選擇都是在檢視自己的價值觀和理念。面對重要的關鍵選擇，要訓練自己的思考。當各有利弊時，這時最好問自己三個問題：

1、在所有選項中我最渴望的選擇是哪一項？

2、這個選項最糟是什麼？我願不願意付出代價？

3、如果承擔不起，那我的替代選擇是什麼？願意接受嗎？

事實上，人對未知是害怕的，因爲當人們可以獨立自主做選擇的時候，也代表著自己要爲自己的選擇承擔責任。很多人其實是害怕失敗，也害怕承擔責任，所以不敢做決定。

性格決定一切，沒有人可以知道選擇哪一條路是對的，但有的人敢冒險，有的人猶豫不定，然而人生最後的結果差別就在這裡。

做決定，最重要的就是先問自己要什麼，倘若從未徹底地思考過；當然選擇就像在賭博，每一次都要靠運氣，也不知道結果會帶你到哪裡。

有經濟壓力想要賺錢，就趕快投入職場，先做再說；沒有經濟壓力想要繼續念研究所或遊學、留學的人最好也想清楚，然後呢？千萬不要因爲怕進職場的考驗而躲進研究所的殿堂，最好以目的爲導向思考這條路是否可以達標。

如果你承擔不起風險，那就心甘情願接受風險較小，但收穫也會較少的方案。如果選擇最渴望的方案，那就請心甘情願承擔代價。投資也是如此，將這些決定做爲投資自己的重大的抉擇，問自己這三個問題之後，通常答案也呼之欲出了。我的經驗是，當我們做決定之前，通過了這些思考的過程和模式之後，就會將千絲萬縷的問題擬出一個大方向，會比較心甘情願。這個過程非常的重要，千萬不要只憑直覺。

成功的人大多有一個特質，就是願意冒險，付出代價來換取自己想要的選擇，這樣的人雖然也會失敗，但相對的成功機率也會高。我有一位學生想創業，代價可能是要忍受無薪的狀態一陣子，或是可能會把資金賠光，但是覺得不試可能一輩子都後悔。他因爲渴望成功，所以願意將儲蓄拿來當創業資金冒險一次，心想萬一都賠光了，最糟的就是再回去當上班族，不會餓死的。這樣想他就有勇氣向前行了。

另外有一個學生想創業但時機未到，不敢冒險，於是決定再上班兩年，等存夠資金再衡量自己是否還有創業的勇氣。若還不敢冒險，他認爲在企業裡拚個專業經理人，做到頂尖也是出人頭地，不比創業差。這樣轉折的思考心就定了。所以清楚心裡嚮往，以及每個抉擇的背後要付出的代價，才有行動的能力。

最怕的就是想創業卻又不想付出代價，那就永遠下不了決定，人生就會卡住，陷入浪費生命又無解的漩渦裡了。所以人生到最後就是「承擔」二字，對自己的選擇，承擔結果。

改變的行動困難重重，先開支票再兌現

行動之前我們可能想過千轉百回，千頭萬緒，但只要不行動都沒有辦法驗證這些計畫是否可行。

我有一位朋友說的好，「改變的心人人都有，而改變的行動困難重重」。每個人都想要走出舒適圈，改變自己，但通常都是說的容易做的難。要不然怎會很多人每年都會許下願望，到了年底，那些願望又成了明年的願望，周而復始。

很多人都說我行動力很強，其實我是用一種方式來強迫自己採取行動。我先開支票，先跟周遭的好朋友或同事們說我打算做什麼，這樣就會形成一股周邊的力量反過來催促你，讓你夢想可能成眞。

這個觀念是我前老闆施振榮先生所分享的，他早期說他總是先開支票，告訴大眾他年底前要做到什麼，這些目標一旦被媒體公告之後就會成爲他的壓力。因爲愛面子，不想成爲失信的人，所以會逼迫自己去實踐它。我認爲這不失爲一種方法，我把跟媒體說換成跟周遭的好朋友說。

改變最困難的就是踏出第一步。很多人在行動之前反覆思考、猶豫，踏不出第一步，或許是怕失敗，或許怕遇到困難無法解決。總之在心裡設下了許多障礙來打擊自己，告訴自己別輕易踏第一步，其實這樣的心態誰都曾經有過。

所以有時候在我還在遲疑的時候，就公開我的目標給周遭的人，告訴他們我想做什麼，接下來我就得面臨朋友關愛的眼神和詢問。但有一個好處，就是這些人會出很多的主意，或是拿出資源來幫助你，無形中你會拿到很多偏方，也促使自己採取行動。因爲不想成爲開空頭支票的人，所以就逼迫自己快快行動了。

據我的經驗是，踏出第一步以後後面的問題就容易解決得多了。因爲你清楚目標，人們也知道你要往哪裡走，資源往往會向著你靠攏。踏出第一步之後或許問題源源而來，又急又快，你沒時間思考，你只能關關難過卻關關過，結果累積一段時間之後就發現竟然眞的過關了。

行動之前我們可能想過千轉百回，千頭萬緒，但只要不行動都沒有辦法驗證這些計畫是否可行。我之前一直想去運動，總是以忙碌爲藉口，遲遲沒付諸行動，最後決定把它列入年度目標，開始跟周遭的朋友宣告要開始重訓，目標是要爬富士山。

目標設定之後，我開始找健身教練，開始了重訓計畫，我把一年的費用都繳了，又將重訓課程全部等登記在自己的行程表，占據日曆不再更動，有其他的活動都得避開，表示它的優先順序在前面。在這過程中朋友不時會來關心我，督促我，送我爬山的工具，傳一些爬山該注意的訊息，也有人來問我運動的成果如何，這種「關心」也激勵我不能放棄。這樣持續一年之後，我眞的達到想要的目標，後來還形成了正循環，越來越喜歡運動。

我有一次把隔年的三項計畫，想要做的三件事情放在粉絲頁上來督促自己，因爲公開之後，覺得做不到會很丟臉，很怕年底的時候會有人問我到底三個計畫完成沒有，因爲這股力量不知不覺到年底就完成了。

在這個過程的體驗中我發現有幾個步驟可以增加自己的行動力。

1. 目標：目標要清楚，有期限，可衡量。

2. 開支票：宣告你的計畫，讓周遭朋友知道開始排定時間，把行動計畫的時間先保留下來，不隨意更動。

3. 做了再說。難關出現，就專心面對那個難關克服，等待下一個難關再克服，不要回頭。累積一段時間之後，就像打怪一樣發現竟然達標了。

這個辦法太好用了，我已經分享給很多朋友。我之前有一位年輕同事圓滾滾的，每年都聽他說要減肥，但是每年體重依舊持續增加。於是有一次我請他在月會的時候跟大家說他的願望，請大家一起來幫他。

當大家知道這個願望之後，真的齊心協力地幫他。很多人傳了一些瘦身、運動、減肥的祕方；有人幫他報名了健身房；也有同事若是看到他吃零食的話，就搶過來制止他吃過量。

他開了支票之後，發現變成大家的計畫，因此不敢再怠惰，改掉吃零食和宵夜的習慣。果然在半年之後瘦了十公斤，享受到瘦身的好處。

先開個支票表示你確實想做，但記得要兌現。

你的身材來自於你自律的態度

能把自己體態和外表打理好的人，同樣也會把事情管理好。所有的健康和美麗都是需要一個努力的過程，背後都要有堅持和毅力才能維持。

這個年頭顏值管理實在太重要了，無論職場或人際關係上，第一印象多麼影響一個人的發展，原來大多數的人都是「外貌協會」。但除了顏值管理之外，身材和健康管理也十分重要。

一位朋友的女兒，在國外念完大學剛回來，因爲媽媽安排找我請教一些問題。在一家舒適的咖啡廳，陽光灑在她一頭長髮和小露香肩的肌膚上，古銅色的肌膚知道她是一位愛運動的女孩，修長的美腿搭上一雙平底涼鞋，怎麼看都令人賞心悅目，心想年輕眞好。

聊著聊著她突然說出一句「一個人自律的程度端看他的身材就知道。」嗯，好犀利的一句話，她接著說，「能把自己體態和外表打理好的人，同樣也會把事情管理好。」當然我相信她也是以此來砥礪自己的人，難怪她把自己的身材保持得恰如其分，那天我的眼光一直停留在她姣好的面容和體態上。

於是我開始思考她這句話，身材跟自律的關係，以及跟工作的關係。結果有許多的調查證明是有相關的。身材面貌姣好的人在職場上獲得注意和機會較多。如果身材外貌如此重要，爲何不把它當作該人生該做的功課，好好管理，讓自己在職場上加分，又提升健康指數，何樂而不爲。

其實大家都知道控制體重與健康息息相關，可是爲什麼卻有很多人都做不到？我認爲這中間有一道難關就是自律。譬如禁不起美食的誘惑，放任自己大吃大喝，懶得動或是無法持續運動，這些都讓原本減重的計畫功虧一簣。除了先天體質有問題的人難以控制體重之外，其他人應該都有能力靠行動達成。

一位名人曾說過，「如果你連吃都不能控制，那你還能控制什麼。」吃，是很大的誘惑，除了厭食症的人以外，要克制美食眞是不容易，能拒絕美食不過量的人，表示他是自律的，不僅在乎自己身材，也重視健康。爲了更大的目標，願意克制口慾，控制對美食的渴望，加上持續運動，成功的機率較高。如果眞能做得到，那我相信他在工作上，也願意爲更大的目標而自我管理，達成任務。

身材是現在顏値管理的一部分，任由自己的身材走樣，不做任何控制或管理，久而久之，工作會很容易顯得疲累或是邋遢。別人無形中也會覺得你散漫，能力受到質疑。當然有一些人是因爲體質問題或是藥物的問題無法控制體重，在這裡先不討論，其他一般人其實透過有紀律的飲食和運動，是可以控制體重和身材的，當體重維持適度的數字，身材和健康指數通常不會太走樣。

我一位金融業朋友，因爲業務的需要，他必須保持著有活力和良好的狀態出現在客戶面前，但前一陣子他覺得很累，去做了健檢發現自己很多指數都不及格，像BMI、三酸甘油脂、體脂肪等，尤其是體重超標，這對他打擊很大。他自嘲難怪一直找不到女朋友，工作也不太順，於是他下定決心減重，每天上健身房重訓。沒想到七、八個月下來減重了七公斤，整個人氣色和狀態好很多，健康紅字也不見了，工作上也顯得積極朝氣許多。我開玩笑說，市場上多了一位型男，祝他早日找到心儀的對象。

體重、健康、外表應該是我們自律可以呈現的結果。如果我們放任自己在飲食上毫無節制，或是懶得運動，當然隨著歲月的增加，身體的體能一定越來越往下走，而且身材一定走樣。所以自律的態度是重要的，一旦可以控制自己的體態，我相信人會變得比較有自信；同樣運用在工作或生活上，會感到自己是可以掌握自己人生的人。

所有的健康和美麗都是需要一個努力的過程，背後都要有堅持和毅力才能維持。當然有人天生麗質，但天生麗質要持久，還是要靠自律和毅力來管理才能持續。還好現在運動和健康的意識抬頭，很多年輕人養成了上健身房、重訓、跑步等運動的習慣，這眞是一件好事。

自我感覺良好的人最容易犯的三個錯誤

高估自己、低估別人之後，接下來就會發生錯估情勢。人在意氣風發的時候，很容易自我感覺良好，看不到別人的優點，因此錯估了情勢，犯下大錯。

自我感覺良好的人通常最容易犯下三個錯誤：高估自己、低估別人及錯估形勢。這三種錯誤通常都是結伴而來的，而會發生的時機都是在一個人最意氣風發、過度驕傲的時候。爲什麼會如此？微軟創辦人比爾蓋茲早就提出警告，「成功是最糟糕的導師，它誘使聰明人誤以爲自己不會失敗」。所以這三個問題會時常冒出來提醒我自己，特別是意氣風發時候，以免自己犯下錯誤。

這三種錯誤會息息相關是有道理的，人會高估自己，就會低估別人，這是比較而來。當心生驕傲的時候，就容易看不起人。通常在人生的路上一帆風順的常勝軍，繼而就很容易犯下這類的錯；而高估自己、低估別人的之後，接下來就會發生錯估情勢。

人在意氣風發的時候，很容易自我感覺良好，加上身旁的人會錦上添花，讚美你的才華、讚嘆你的成功，你周遭的氛圍充滿了繽紛的、甜蜜的氣息，讓我們眞以爲自己實在太優秀、太厲害了，才會眼光獨到，策略精準。這些成功和讚美聽得理所當然，恰到好處，當然都是自己努力的結果，因此自信心大增，講話越來越斬釘截鐵，不自覺地以自己目前成功的經驗來評斷未來可能發生的一切。

越成功的人越是要時常提醒自己，內心是否開始覺得自己偉大，當有這麼一絲絲自滿的時候就必須警惕，這就是驕傲的開始。人說驕兵必敗，不是沒有道理的。當驕傲的時候就會心生傲慢，看不到別人的優點，認爲自己才是最強的，對手眞不算什麼，不必理會；所以就疏於防範，沒有提早準備，不知道人家早已籌備糧食，蓄勢待發，因此錯估了情勢。到最後犯下大錯的時候，可能發現情勢早就不站在自己這一邊了。

三國時代的曹操是何等聰明的人物啊，但由於在先前的戰事中一路高走凱歌，消滅了袁紹、呂布等勢力之後，內心開始驕傲自滿，太過於輕敵，疏於防範，以至於埋下赤壁之戰的大敗，將數十年的根基毀於一旦。

高估自己的人通常還沒有十足的準備下就出手，因爲過往的經驗都是成功，所以依照經驗値做就對了，缺乏事前嚴緊的計畫和評估。當發生錯估情勢而想縮手的時候，損失就很慘重。我在職涯過程當中，看過太多的創業家在某一個領域獲得到成功之後，就意氣風發地跨領域投資，進入另外一個自己不熟悉的市場，以至於錯估情勢或被人蒙蔽，而導致自己的本業受傷，一蹶不振。

我自己也曾經在職場上犯過類似的錯誤。在早期有服務多年的客戶，我理所當然地以爲客戶一定非常依賴我們，應該會繼續跟我們簽約，而忽略了客戶對於求新求變的渴望。當時我並沒有意識到他們思維的轉變，所以沒有及時積極地提供新的策略給客戶，客戶最後當然轉頭離去，琵琶別抱了。

這對當時的我是非常大的教訓，我反省自己當時驕傲之心已起，才會沒有發現客戶的思維轉變。從此以後我重整團隊紀律，要求團隊在每年年底的時候，必須要主動提出隔年對客戶新的建議，不必等客戶要求。事後回想眞的感謝客戶給我這個教訓，如果沒有這個打擊，自己還眞以爲客戶需要我們，因而不思改變。

當時我會犯那樣的錯誤，完全是因爲我太高估自己在客戶心目中的地位，而沒有戰戰兢兢地爲客戶設身處地著想，提供更好的服務。並且低估競爭對手的實力，總以爲他們還差我們一大截，殊不知他們早已接觸客戶，並挑動客戶的神經，我們的差距已經越來越小了。我這種夜郎自大的心態，導致我錯估情勢，而沒有提早改變，所以付出了流失客戶的代價。還好我及時反省與調整，才讓團隊具備危機意識，積極主動地在未來競爭中扳回一成。

不僅個人如此，企業和品牌也會如此。像發明世界第一台數位相機，也是影像領導、世界級的柯達公司，最後竟然走向破產之路。只因爲錯估了情勢，過於保守，抗拒趨勢，太晚投入數位相機的研發與生產，以致於走上了破產的不歸路，令人唏嘘不已。

世界的變化太快，個人或企業或品牌一不小心就被趨勢所淘汰。在這充滿詭變的世界局勢，領導者始終要戰戰兢兢，靈活應變，才能在混亂中殺出一條血路。之前的成功不代表未來永遠成功，企業必須求新求變，與時俱進，推陳出新，才能抓住客戶的心，因應這個變化多端的局勢。

不讓情緒主導行為的三個練習

能不能控制自己的情緒，關係到一個人的素質，甚至決定這個人的人際關係。當雙方對峙時，先失控的那一方就輸了。

現在的電視新聞眞的不好看，充斥了三器新聞，瀏覽器、行車紀錄器和路邊監視器，因此在電視新聞上時常看到一些消費者對著服務人員大聲飆罵，十分失控。我就非常不解這些人爲什麼這麼容易情緒失控，失控之後也難讓自己冷靜下來。

有一則新聞是講 Covid-19 期間，一位婦人拿健保卡到藥局領取口罩。由於藥局人員因拿錯了健保卡，婦人不僅當場抓狂破口大罵，還逼藥師下跪道歉，最後被員警以強制罪函送偵辦。另一則新聞則是因爲年輕人到手搖飲店賣一杯飲料，只因店員忘了加一項配料，竟然對店員飆髒話，一堆路人圍觀卻沒有人可以阻止他繼續飆罵。

我其實不認同客戶永遠是對的，但如果遇到失控的客戶，我們又應該怎麼辦呢？

其中最重要的就是不要隨之起舞，要保持自己的冷靜，對方越失控，你就要越冷靜，否則兩隻失控的獅子，一定會互相抓傷彼此。你冷靜，對方失控，至少在理和法上就站得住腳。

對於失控的人而言，最難的就是在情緒上來的那一剎那止住衝動，這種人大都隨著情緒立刻做反應，等於是聽命於情緒的奴隸。因此傷人的話一出口就收不回來，或者做出傷人的動作更是不可原諒，當事人經常後悔也來不及了。

前一陣子好萊塢明星威爾史密斯，朝著主持人那個驚人一揮的一巴掌，令全球影迷譁然，代價是被美國影藝學院宣布，未來十年威爾禁止出席任何奧斯卡相關活動。

另外還有一個有名的案例就是非常多年前的世足賽，法國隊長席丹情緒失控，一記頭槌槌向義大利後衛胸前，導致對方倒地不起，席丹被判驅逐出場，結果法國隊不幸敗給義大利，這同樣也是情緒失控而付出的代價。

雖然這兩個案例都是因爲受到挑釁，由於對方說了令人不舒服的言論所引起的反擊。但無論如何打人終究是不對；因此怎樣在極度的憤怒之下，仍能控制自己的情緒，變成你我必修的課程。

學習冷靜眞的太重要了，不僅僅是防止情緒失控，也可以防止我們過度焦慮、慌亂，有助於我們在混亂的情緒當中抽離出來，在關鍵時刻用理性思考，將事情看得更清楚。

冷靜是一種軟實力，是一種臨危不亂，是一種泰山壓頂卻不崩於前的能力。能不能控制自己的情緒關係到一個人的素質，甚至決定這個人的人際關係。當與雙方對峙時，先失控的那一方就輸了。因爲先失控的那一方會容易情緒性地說一些不該說的話，雖然當下的發飆可以抒發怒氣，話不吐不快，但是卻對人產生最大的傷害，對事情無濟於事，反而會走向對自己更不利的方向。

我特別佩服那種臨危不亂，在被激怒下仍能忍住怒氣，有條不紊地解決事情的人。尤其談判時，情緒起伏的人容易被看出破綻，有時候他們以爲自己氣勢很強，卻早已被看穿他的不安。眞正的談判高手是不動聲色，沉著冷靜應對，卻能做出致命的一擊。

對於情緒起伏較大的人，要練習冷靜眞的不是件容易的事，但身爲職場專業人士，情緒控管還是必要的。下述方法轉念是我自己的練習，或許你可以練習看看。

1、**要有自覺力**。在自己情緒上來時，要能察覺出來，學習深呼吸，先不說話。那一口呼吸非常的重要，可以暫時隔絕我們的憤怒，讓我們有一點時間思考，防止我們鑄下大錯。這方面是可以練習的，透過幾次的練習之後就會慢慢冷靜下來。

2、**練習放慢說話速度**。我們無權要求別人按照我們的標準做事，當別人冒犯你，或是別人沒有達成你的要求或目標時，你可以放慢聲音和速度地告訴他哪裡錯了，希望他哪裡改正。當這樣做了，心跳會慢慢緩下來，情緒也會漸漸控制。罵人的話絕不出口，尤其當你是長官或是客戶的時候，這有上對下的關係，立場並不平等，就是一種欺壓，否則對方也有可能被你罵傻，罵笨而已。

3、**當壞事發生後，已經無法挽回，試著往前看怎樣減少傷害，彌補過錯，而不要再找藉口怪東怪西**。最好讓這事情朝正向的方向發展，責罵和怪罪只會讓事情更難處理。

訓練冷靜必須要自己有自覺性地想要做，才有機會實踐。自己先承認情緒失控是不對的，有心想改變才有機會成功。多做幾次練習就會習慣，千萬不要讓自己因爲一時的失控，而付出無法彌補的代價。

冷靜的心，才能做出對的決策。

壓力太大，慢慢引導自己走出隧道口

接受已發生的事實，放下不愉快的往事，這是我們唯一能再往前走的方法。使人受苦的都不是事情本身，而是我們對事情的看法。

在職場上我經常勸那些受挫折想要離職的員工，千百個理由都可以離職，但是絕不要是過不了挑戰而想要逃避，盡量排除這個理由。如果因爲壓力而選擇逃離和放棄的話，那麼縱使轉到下個工作，同樣的問題還是會再來找你，除非直到你面對它，征服它爲止。

所以與其逃避還不如再試試看，試著求助同事或長官，尋找公司資源幫你一起克服難關。這個過程可以幫助你釐清問題，發現盲點，並且給自己一次改進的機會。但是很可惜，很多人承受不了壓力的選擇，就是直接放棄和逃離，不願意面對事實。

現代人壓力大，憂鬱傾向的患者比例再創新高，雖然接受挫折不容易，放下憤怒和不甘也不容易，但這是我們僅能爲自己，也是應該做的，因爲不放下只會讓自己更受苦。接受已發生的事實，然後開始思考我該如何做，可以不再犯同樣的錯誤，改正之後盡量往前看，不要再回顧。

我看見太多的人無法接受已發生的事實而陷入了極度的痛苦與憂鬱，處在自怨自艾的情緒中環繞，負面的思維糾纏不去。雖然說他們都知道事情已經發生，挽回不了也回不去當下，但就是心裡過不去；無法平復更無法放下，讓別人的錯誤來懲罰自己，讓自己的心，被已發生的事綁架而悶悶不樂。

如何從深淵中拉自己一把，除了求救於藥物治療之外，還是要靠自己的轉念。多加練習，讓自己從痛苦中浴火重生。

生命遭受了重大的挫折和災難，會讓人產生失落和絕望感，或是對未來的事情焦慮、擔心，這些都會誘發憂鬱。接受已發生的事實，放下不愉快的往事，這是我們唯一能再往前走的方法。

「使人受苦的都不是事情本身，而是我們對事情的看法」。隨著年紀的增長慢慢地也體會出這句話的意義。然而大多數人陷在悲傷痛苦裡，就連接受事實都很難，更別談放下。原來接受到放下之間需要轉念的時間。

當我們改變受制於當初的某種想法，是那個想法讓我們痛苦和悲傷。唯有轉個角度思考，才能有機會用一個新視野看發生過的事情本身，帶我們脫離苦痛做到放下。從接受到放下的過程，應該參考聖嚴法師勸人處事的四大法則——「面對它、接受它、處理它、放下它」。

遇到挫折困難的時候誰不想放下，只是發現放下不是簡單的事；它需要時間沉澱，需要走過一個過程，而這個順序的確是如此。沒有經歷面對、接受、處理，就很難做到放下，這四個步驟眞的是走過才會知道。

接受所有發生在我身上的事情，這是多麼不容易。小事還好，遇到自己沒有預期的，無法承受之重的時候，第一時間大多是錯愕、憤怒，覺得怎麼是我。我們很難第一時間就馬上坦然面對，這中間可能會經歷了失望、否定、自責甚至逃避，內心來來回回百轉千折。我們需要時間療癒以及好的心理素質，才能夠轉過身來面對事實，慢慢接受它。

所以接受眞的不容易，人生無常，我們必須在小挫折發生時就多加練習自己的承受能，我們也必須了解，如果選擇逃避，那就永遠成了心中的一塊印記，永遠跟隨。

一位中年男子因工作表現不佳而被資遣，不知如何回去面對他的老婆和小孩還有周遭人的眼光。他選擇了逃避，每天假裝出門，遊蕩街頭，最終還被老婆識破，才痛哭流涕地面對失敗，最後在老婆的鼓勵下，重新面對問題。幾個月後終於覓得新職，才又開啓人生新的一頁。那段失業的日子反而成爲他日後的養分，令他更珍惜手上工作，努力打拚。還好他選擇面對，倘若繼續逃避則會逐漸消沉，恐怕也無法開啓人生新的一章。

面對然後接受是最不容易的事，只要願意開始面對和接受的話，就可以想辦法處理它了。很多人遭遇不幸的時候，第一個反應是抗拒相信，轉而向老天爺討公道，問著爲什麼是我？儘管不願意相信，但是事實已無法改變。

唯有面對與接受，我們才能進而思考如何往前行，隨著時間再找機會慢慢放下。許多人受困在不接受的漩渦中悲傷著走不出來，只是徒增自己的痛苦並懲罰自己而已。

願意相信已發生的事是一件事實，一件眞實發生在我身上的事實，「我接受」是放下的第一步，我認了，才有辦法去想接下來該怎麼處理。一旦接受了，面對和處理就相對容易。等到眞正放下又是另一個境界，也要渡過一段時間。當我們可以坦然地談論自己的痛，而且雲淡風輕的時候，我們才是眞正地放下。這同樣需要智慧和心態，所以接受和放下都不容易。

我認爲放下的智慧是豁達的心境，接受一切的可能性和已經發生在自己身上的事情。儘管不開心，念一句法文的 C'est La Vie「這就是人生」吧！人生不如意事十有八九，執著於抱怨、自責、痛恨、不接受又如何，把自己困在泥沼爬不出來更糟糕。面對、接受不是阿Q，而是微笑面對命運的安排，然後用豁達的心態去超越命運，將命運甩到後面繼續往前走，這樣就不受制於它。

對於別人在自己身上創下的傷痛要寬恕眞的太不容易，但這是放下的前提，也是一種解脫。這不只是對他人的寬恕，而是對自己的仁慈，讓自己不再爲那件事所困擾。能夠放下發生在自己身上的恩怨情仇的人，眞的是參透人生了。

PART 4

工作和生活的平衡

女人為什麼不能獨自成功？一定得靠男人嗎？

為什麼女性事業成功，大家關心的是婚姻問題，而不是問她如何成功的。

一次在我演講後，留下來的聽眾問我「妳是不是和先生一起創業？」「那妳先生是做什麼行業的？」這樣的問話顯然讓人不舒服，但我好奇地問爲什麼會這樣問，她說：「妳每年學一樣才藝，又出國 Long stay，不僅事業成功又可以自由自在地生活，如果結婚的話怎麼有這麼多時間兼顧事業與家庭，所以想知道妳怎麼做到的。」其實我想她未說出的疑慮是，如果沒有另一半的幫忙，妳如何憑一己之力成功的。

我回答她，「我是母親而且身兼職業婦女，我是獨立創業，我的事業沒有先生參與。」我不解爲什麼還有人認爲女人無法獨自成功，創業成功背後一定要依賴男人？

我是個貪心的女人，我想要家庭幸福，但也想事業成功，我不認爲事業成功就要犧牲家庭幸福，雖然在時間上必須有所妥協。時間是可以規畫安排的，盡力做到兩方面都對得起自己，這中間當然需要很多溝通以及家人的諒解。雖然工作與生活的拉扯一再考驗著我，但是我心甘情願地面對，不想犧牲掉任何一方面。

我創業之後學習到我必須將我的時間，做最有效率的安排，可以外包的勞務我用金錢解決，家庭生活與親子關係我盡量排時間參與。爲了做到這個目標，我在身邊安排了親近的人，成爲我生活的支持點，只要發生任何事情我無法親力親爲的時候，他們便成爲我最佳的支援團隊。

我和先生是兩個獨立的個體，我們各自獨立，卻也能一起快樂生活。我認爲能夠一個人獨自快樂的人，才有機會擁有兩個人一起的快樂。

社會上有一種很吊詭的心態，若一位女性過了四十未婚，卻在事業上表現優異的話，旁人會說「難怪喔……」意思是因爲少了婚姻的羈絆，難怪她可以心無旁騖地專注工作而成功。相反地若是一位已婚的職業婦女在工作上表現亮麗，其他人就會猜想她的婚姻是不是有問題，想著可能不是離婚就是婚姻不幸福，才有可能專注工作，獲得成功。

傳統的觀念中認爲結婚會影響女性在工作上的表現，因此職場上有些企業對於已婚女性的薪資和升遷較爲保守，更有不喜歡僱用已婚女性的企業，最糟糕的是這樣的思維也影響著女性本身，用這個角度來評斷自己和其他女性。

那場演講會後，另一位女性聽眾也很感慨地說，她說她也是創業者，經常有人問她是不是未婚，她也覺得非常奇怪，爲什麼女性事業成功，大家關心的是婚姻問題，而不是問她如何成功的。反之一個男人成功，旁人絕不會問他結婚與否。可見傳統觀念中女人還是應該屬於家庭。

我發現女性高階主管，在處於工作和家庭之間，大部分都還是會盡量兼顧，不似男性只要專心顧好工作就好；因此女性工作與生活的平衡，在時間管理上更爲辛苦。但是這不代表女性得在兩者二選一，還是有方法可以兩者兼顧，只要事先做好安排，改變觀念，心情上放過自己，盡力就好。

不要有愧疚感，盡力就好

不需要在工作與生活二選一，明白它們是相互整合，相互影響的。工作不愉快，生活也不會太開心。

很多職業婦女，談到家庭和小孩一直有一種說不出的愧疚感。因爲當碰到工作與家庭無法同時兼顧的時候，職業婦女就開始自動地自責沒有把家庭擺在第一位，沒有時間好好陪小孩。這種愧疚感會令她們不敢過度投入工作，當工作表現越受到重視，她們的心裡越煎熬。

這是很多職業婦女的痛，一方面想著小孩需要有人陪伴，需要更多的時間照顧，可是偏偏自己的工作忙碌，需要全神貫注，客戶的事情又急得像衝鋒槍，經常需要加班。到底要如何做才能工作與生活取得平衡？到底要如何做才能兼顧工作與家庭？這也是我在職場上遇到最多人問的問題之一。

這是一個兩難，必須先改變思維，在有限的時間裡事先規劃布署資源，讓自己不再煎熬。我從來不覺得工作和生活和家庭是二選一的問題，我很貪心，兩個都想要。所以我有策略地做三件事來達成我的貪心，這三件事分別是改變心態，邀請另一半參與，布署支援系統。

1.改變心態就是不要被傳統的觀念所束縛，不要認爲女人一定要如何如何，尤其不要一邊自責一邊工作，那會讓你雙輸。女人不需要將家務事及照顧小孩的責任一股腦地攬在自己身上，其實那是夫妻兩人的共同責任。

不需要在工作與生活二選一，明白它們是相互整合，相互影響的。工作不愉快，生活也不會太開心。工作既然不可避免，又占據生活的大部分，倒不如思考如何樂在工作，將快樂帶到生活，影響生活更有活力。我們可以運用資源，改變命運。

2.伴侶的參與是重要的事。套用事業合夥人的概念，你和另一半是生活的合夥人，你們各擁有家庭五〇%的股權，責任也一樣各負擔五〇%，因爲家庭是你和他一起建立的，小孩也是你們兩人共同擁有。所以女人不要一肩扛起家庭的責任，這只會寵壞你的男人，讓他覺得妳做家事和照顧小孩都是天經地義的事。

聰明的女人要邀請另一半一起負擔責任並教育他，讓男人一起分擔家務，而不是把所有的家務都攬在身上。把男性推到外面，這不是賢慧，而是笨蛋。當你的負擔從一〇〇%降到五〇%、四〇%的時候等於壓力減少一半，妳就比較遊刃有餘，取得一些時間上的平衡。況且兩人休戚與共的時候，可以克服難關，感情更緊密。

有人會以收入的多寡來衡量負責任的多寡，這雖是方法之一，但夫妻如此斤斤計較有點傷感情，然而當責任的承擔比例失衡的話，也是容易引起抱怨的。所以各自承擔哪些責任，哪些事務，夫妻兩人說清楚，然後具有默契支持、補位便是最好。

3.最後就是布署資源，讓身邊的支援系統緊密周全，這樣便能在你們夫妻兩人在緊急時刻或是無暇兼顧的時候，能夠啓動救援。譬如家人、兄弟姊妹、鄰居、同事、朋友等，凡是你周圍信任的人，你都得廣結善緣，納入支援系統，以備不急之需。

另外，外包給家務整理的人力公司都是可考慮的一部分。我當時創業期間，就是運用這些支援系統兼顧小孩和家庭的，才讓我的時間免於陷入捉襟見肘的窘境。

工作和生活不是二選一的問題，我兩者都要

雖然工作與生活兼顧很難，但是為了追求美好的人生再困難都值得一試。人生本來就不是二選一的問題，我們也可以很霸氣地說，我兩者都要。

誰不想多一點生活，多一點時間陪小孩，但是像我選擇了創業這條不歸路，就知道要有所取捨。我需要賺錢，需要養家，需要自我成長，我明白只能在可用的時間內做到最有效的安排，分辨優先順序，布署資源，全力以赴，再臨時應變而已。

在布署身邊的資源，不論是父母，兄弟姐妹或朋友，好讓自己有點喘息的機會，以下是我認爲重要的幾件事。

1、要做到工作和家庭要兼顧的話，身邊一定要有幫手，而這個人應該是另一半，讓另一半參與分擔家務以及親子時間。我一位朋友要求他的總裁先生，每天早上一定要開車送小孩上學，因爲他覺得在車上的時間，是忙碌的先生與小孩最好的對話時間。把這個習慣養成便成了日後小孩深深的記憶，而這位總裁現在也感謝夫人的安排。我的意思是連日理萬機的總裁都可以教育，更何況一般人，重點是女性有沒有意識讓另一半負責任。

2、在職場忙碌的夫妻而言，或許對小孩的照顧無法達到時間的「量」，所以「質」就更重要。珍惜每一次與小孩相處的時刻，把握最重要的，然後要放掉次要的。重要的一定要親自參與的，譬如孩子重要的比賽、表演、領獎、生日、活動、畢業典禮，或是家人共同旅遊等都屬於重要的時刻。

另外設計一下每日的儀式，或許是早餐的共聚，或許是睡前的床邊故事，也或許是假日的相處；關心他們的成長，與他們對話，我相信他們長大之後不會覺得缺少愛。

安排親子對話時間，或許只是十分鐘，也是非常重要。我當初則是固定每日睡前床邊說故事時間，小孩到長大都會記得媽媽的溫度。現在的我回想過去，雖然陪伴小孩的時間不多，但是現在我們感情卻依然緊密，最重要的是我們經常對話，以電話、訊息、郵件、視訊等方式對話，就連他們在國外念書，我每天和他們通電話習慣沒有斷過，小孩持續可以感受父母的關心這才是重要的。

我兒子長大後，我曾經問他，「你會不會怪媽媽在你小的時候沒有好好陪伴你？」我兒子俏皮地說，「不會啊，因爲我很快就知道妳是跟別人不一樣的媽媽」。小孩如果感受到愛，其他的匱乏都不重要。

3、勞務及事務性的事情盡量花錢解決。譬如打掃、整理等家庭事務可請專業公司代理，線上採買或快遞、物流公司的傳遞，趕時間的計程車花費可能都是必要的，金錢有時可以換取我們許多寶貴的時間。

4、練習獨處讓自己快樂。不要讓忙碌的工作和生活綁架了妳，偶而留給自己一點時間獨處，學習有興趣的才藝或是和姊妹淘聚聚，都會給自己一些正能量；得到了滿足才把這些能量帶回家，影響小孩有快樂的家庭，自己必須要有方法讓身心從工作疲憊中解放出來，支持自己走更長的路。

以上是我走過來的一些小小心得，或許不是做得很完美，但至少讓我在工作與生活上可以做到兼顧，沒有太多的不甘或遺憾，子女們也都平安快樂成長。

其實女性也想在工作上有所表現，也想被看見和有成就感。雖然工作與生活兼顧很難，但是爲了追求美好的人生再困難都值得一試。何況人生本來就不是二選一的問題，我們也可以很霸氣地說，我兩者都要。

有人問我會不會後悔，老實說如果讓我再回到過去，以我當時的智慧也只會做出一樣的決定，因爲那是我在那個年紀、智慧和狀態下所能做出最好的安排了。盡最大的力量好好地工作，好好地生活，好好地學習，然後將在工作成長的正能量帶回家庭，感染他們樂觀的態度，我想這才是給家人最好的禮物吧！

男人其實可以示弱

懂得示弱的領導者，懂得適時地把機會給別人，讓別人有發揮的空間。如此下屬更願意扛起這個責任來幫你。

傳統的觀念男人理應是強者，應該保護家庭，要養家餬口，是家庭的支柱。更說男子有淚不輕彈，絕對不能讓別人知道自己的脆弱，否則很丟臉，因此男人永遠都只能以堅強示人。

但其實當男人很辛苦，只要是人怎麼可能永遠堅強，怎麼可能沒有軟肋。男人的苦很少有宣洩的管道，因此才盡量不去碰觸情感柔軟處，否則可能會發現，情感其實一觸碰便潰不成軍。

通常女人在一起會交流情感和八卦，有抒發的管道，比較不會累積情緒；男人在一起通常談論政治和運動，不碰觸柔性議題。而這也是爲什麼女人有姐妹淘，而男人只有講義氣的兄弟幫。在這樣傳統的教育之下訓練出來的男人，比較不善於表達情感。

但其實懂得示弱並不是只有負面意義，勇於示弱的人才是眞正的堅強。在現代組織工作上所推崇的領導者，也絕不是全然的堅強又不犯錯的角色。懂得示弱的領導者，懂得適時地把機會給別人，讓別人有發揮的空間。

舉例來說，若你知道下屬在流程控管方面比你厲害，因此你願意承認這個事實，願意示弱，而不是一味地想證明自己是全能；如此下屬更願意扛起這個責任來幫你，這樣做才是雙贏。

很多人應該也有同樣的經驗，一位願意在年輕人面前示弱，請教數位學習的大人，更能激發小孩子來幫助的意願。同樣地願意在心愛的女人面前示弱，更是觸動人心，是無敵的武器。因此示弱，只要是真誠出發，表示你是有自信的，不怕別人知道你的弱點。

有時候太完美的人令人討厭，他們凸顯自己的優秀，讓旁邊的人相形見絀，完全幫不上忙，這一點都不智。示弱不是負面，自信的男人懂得示弱，這讓他擁有更強大的力量。

新好男人攜手另一半一起成長

新好男人攜手另一半一起成長，鼓勵妻子獨立自主，也能擁有自己的夢想和興趣，互相看見更優秀的對方，更能長長久久。

上一代的男人和現在年輕世代的男人，在工作和生活平衡上的優先順序有很大的不同，但要擁有家庭幸福的願望都一樣。家庭是夫妻兩個合夥人的共同資產，因此家庭幸福只靠一個人努力是無效的，必須攜手一起成長才有機會成爲幸福的家庭。這個觀念在現代養成的年輕男人身上，變得比較有機會可以實踐。

上一代男人心想著擁有一份穩定可發揮的工作，若再加上體貼的老婆，可愛的小孩，這就是人生美滿的樣貌。所以當工作穩當了，娶了老婆之後，男人覺得人生大事已經完成了，接下來他整個心思就聚焦在事業上的功成名就了。

他們認爲這可愛的小孩都屬於太太的責任，還有家庭事務的「小事」就交給太太好好處理，而他的責任就是聚焦認眞地在工作上取得更高的成就，讓家庭無後顧之憂，就是盡到男人最大的責任。

這是傳統男主外女主內的觀念框架，雖然很大男人主義，但是當時男人至少要背負養家活口的責任；因此女人也很認分地躲在男人背後，成爲男人背後看不見的那隻手，默默支持，賢淑謙卑，默默成就男人的成功，完全沒有把自己放在考量的位置。這樣的分配看似分工，但是女性的角色吃重，責任也複雜，往往是犧牲自己的夢想和喜好來成就另一半事業，在成就感上很難與男性相提並論。

還好現在的年輕男性更注重生活平衡，也更願意分擔家務，他們不會只將生活的全部花在工作上，更希望生活上也有品質。他們接受男女平權，尊重女性，重視親子教育，他們甚至願意照顧小孩，接送上下學，上市場買菜，烹煮三餐。這些行爲在現今社會不但不會影響他們男子漢的氣概，反而被冠上「暖男」的美譽。他們一樣上班，熱愛工作，做好時間管理；他們讓女人得到溫暖的支持，並鼓勵女人做自己，這是時代的進步，也是我心目中的新好男人。

新好男人擁有現代的價值觀，與時俱進，攜手另一半一起成長，鼓勵妻子獨立自主，也能擁有自己的夢想和興趣，並且支持她在工作上的發展，不會因此感到威脅。這樣的兩個人一起成長，才會有夥伴的感覺，互相看見更優秀的對方，感情與時俱進，婚姻充滿新鮮，更能長長久久。

我有一對年輕夫妻朋友，有一對龍鳳胎小孩，雖然兩人都是忙碌的上班族，每天有一堆煩人的事務要處理，但他們總是互相支持，分擔家務和照顧小孩責任；他們更會輪流讓對方也有自己社交和獨處的空間，以保持自己快樂的能量。所以夫妻兩人會找機會單獨小小約會，也不放棄去做自己喜歡的事。

這種現代的新好男人和老婆分享工作上的喜怒哀樂，讓女人更有安全和親密感。這樣的兩個人在一起分擔責任，相互鼓勵，甘苦共享，有時各自獨立，有時又能相互支持，成爲建構家庭最好的夥伴，而且隨著時間越陳越香，每天都可以看見對方持續成長，兩人一起享受生命的美好。

婚姻關係裡，都是唯有兩個人攜手經營家庭才能成功，不能只有一個人前進，一個人在原地踏步。必須相互鼓勵，相互分享，一起成長，與時俱進，才有機會建構幸福的家庭。

現在是網路和社群媒體的年代，所有的資訊都可以在網路上搜尋得到，而各式各樣的線上、線下活動，也都滿足了各行各業不同需求的人們，如果還用工作太忙，照顧小孩或是家務事綑綁的問題來當藉口而不學習的話，就實在枉費活在這個時代了。

願天下越來越多的新好男人、新好女人一起攜手共進，讓社會更美好，下一代更幸福。

有快樂的父母才有快樂的小孩

每一個人活在世上都有一個基本的責任，就是把自己活好。唯有把自己活好了，才有能力去照顧別人，影響別人。

教養小孩是現在夫妻非常看重的議題，隨著時代的進步，教養小孩的思維也有所不同。有一個重要的觀念，並不是非要給孩子優渥的環境，反而是要先求自己足夠正向成熟。一對關係良好的夫妻、快樂的父母更能培養出健康快樂的小孩。所以準備當父母之前，一定要先經營好夫妻關係，懂得自己快樂，才會有能量讓小孩快樂。

很多心理學的論述中，都闡述了不快樂的小孩，通常都有不快樂的童年，而不快樂童年的記憶有大部分都來自於不快樂的父母，或是關係不和諧的家庭。

因此健康快樂的父母對小孩的影響非常的重大，所以想要培育快樂的小孩，就需要父母擁有讓自己快樂的能力。

這種能力包括無論遇到什麼樣的困境或逆境，都有正向思考的思維，回到樂觀的態度，並且把正能量帶回給家庭。所以想要培養正面思考、健康快樂的小孩，首要之務就是父母本身，先要有獨立自主的個體，以及健康快樂的靈魂；否則大人把自己做不到的夢想，硬強加在小孩身上，要求他們做到，簡直是自私的要求。

我常覺得每一個人活在世上都有一個基本的責任，就是把自己活好，唯有把自己活好了，才有能力去照顧別人，影響別人。父母更是如此，當我們自己不快樂，又怎麼可能讓小孩快樂？就像我們自己生病了，極有可能也將病毒傳染給小孩；因此要先照顧好自己，再照顧小孩。不要一廂情願地為小孩而犧牲自己，善待自己、看重自己，才有可能照顧好小孩的身心靈。

我一位朋友非常的可愛與另類，告訴兩位兒子，有快樂的媽媽才有快樂的小孩，她的兒子從小就被訓練要將喜歡的食物分給媽媽，也知道要爲媽媽分憂解勞。這位媽媽不委屈自己，自己滿足了就快樂了，最常說的一句話是「就算跌倒了都要微笑地爬起來」。她總是將正面的情緒帶回家，分享快樂，在她的影響之下，果然培養出一對快樂又懂事的小孩。

這位媽媽跟我說，讓自己快樂很重要，自己不委屈了，就有快樂的能量，她就是用這樣的心情來引導家中所有的成員勇於追夢，做自己想做的事，幫助他人。他們小孩看著爸媽這麼努力快樂地生活，自然而然也積極樂觀，遇到挫折會轉念去解決，可以說是父母給子女最好的禮物。

一位工作非常忙碌的男性主管跟我分享，他每次出差到國外之前，都要把床邊故事先錄音在手機裡，一天一則，出去幾天就錄幾則，然後每天睡覺前請太太放給小孩聽。她的小孩長大後特別記得爸爸分享的故事和關心，是他們回憶中一段快樂的歲月。快樂的父母總會有創意去和子女交流，太忙碌的人是缺乏創意的。

很多父母以為讓自己優先快樂，是一件不道德的事，但只要想自己快樂了，就可以將快樂的能量分享到整個家庭，就不會覺得是一件自私的事了。不必總把小孩放在自己的前面，忽略了自己。其實小孩面對長期犧牲的父母，印象中都是辛苦，愁容滿面，被工作壓得喘不過氣的樣貌。而且犧牲型的父母並不見得會得到小孩特別的珍惜，因為這樣小孩容易放大自己，以自我為中心，以為自己最重要，甚至認為父母無趣，話不投機。

父母總是盡全力要讓子女幸福快樂，但千萬別忽略讓自己也擁有快樂的能力。人原本就應該把自己先照顧好，才有能力照顧別人，就像飛機上綁安全帶的守則，道理是一樣的。一定要先把自己繫好了，才能幫小孩繫安全帶，這在危機時才有機會照顧小孩。

小孩受父母的影響是最大的，小孩不在意你爲他做了什麼，但他會記得你帶給他們快樂的模樣。把自己的心照顧好，讓自己先快樂，再把快樂感染家人，這才是智慧的父母。

遠距工作已成趨勢，讓我們打造在家工作的理想模式

在家工作漸漸成了常態，我們要及早適應這樣的全球變化，將家裡的布置漸漸打造成自己理想的工作生活方式。

疫情期間阻隔了人與人之間的距離，許多企業紛紛採取了在家上班策略（work from home, WFH），一開始讓很多人措手不及。但時間久了，漸漸地大家發現在家裡工作減少了交通通勤的時間，多出了很多與家人相處的機會，其實在心態上是覺得開心的。

只是在家工作的效率有時不如在辦公室的效率，一來居家環境本來就是比較舒適輕鬆，不是設計來工作的，因此很容易讓自己鬆懈，專心變得一件很困

難的事。二來倘若家裡成員多，或者有小孩，難免受到干擾，也不見得有一個適合工作的空間獨處，要專心工作就更難了。

不過看起來在家工作的方式，未來可能會變成常態，不見得是疫情的影響，也因爲網路科技的發達，以及年輕人喜歡彈性上班的自由性。整個全球大企業的趨勢，都在研擬未來增加在家上班的可能性，其實越來越高。

很多人爲了讓自己能夠適應未來大趨勢，趁這次疫情期間，開始思考改造居家空間，希望打造一個既能在家工作，又不干擾他人的可能性，讓工作與生活可以完美地結合在一個空間裡。我朋友就趁機改造了一下自己的臥房，多加了一張小書桌，她說感覺可以專心多了，尤其在視訊會議的時候更是需要一個小空間。

我自己是堅持家裡一定要有一張工作桌，一定要讓自己有個迎接工作的心情和儀式，或許不是每個人都這麼奢侈地可以有自己的書桌，但無論如何清空餐桌也好，找一個角落，一張桌子，一定要給自己有一個不受干擾的小空間。

除此之外，在心態上我們必須要有所轉變。

1.千萬別穿睡衣工作，自律很重要。雖然沒有了上下班的時間，但不能放任自己睡到自然醒，一定要相同時間起床，並規律生活。人是很容易懶散的動物，一旦不自律，就會發現每天就一事無成，很容易沮喪。所以還不如養成習慣，讓自己充滿動力迎接美好的一天。

2.事先計畫好隔天的工作項目，將自己的時間做幾個時段的分配。尤其是自僱型工作的人，工作、休息、運動等分開幾個段落，這樣比較不會無所事事，被時間拖著走。知道自己要做什麼而且有所規劃，比較容易快速進入工作模式。

譬如可以參考番茄工作法：每二十五分鐘休息五分鐘，至少要持續四個階段。設好鬧鐘提醒，在這二十五分當中不看手機，除了工作不做其他事。慢慢養成習慣，這樣才有辦法專注做好一件事。

3.除了工作，生活也很重要。疫情期間少了外出和旅遊的這個選項，都要宅在家裡，因此更要注意工作和生活的平衡，如閱讀、休閒、健身運動，和家人互動都要放入時間表內。像我在家還是找時間畫畫，參與線上課程等都是生活的一環，讓我覺得工作和生活有一個平衡。

總之，在家工作漸漸成了常態，我們要及早適應這樣的全球變化，將家裡的布置漸漸打造成自己理想的工作生活方式。和家人一起住的人，也要先和家人約法三章，在你進入工作模式時，請勿打擾。希望大家都可以正面積極地省思疫情帶來的影響，也趁機打造工作和生活都可以兼顧的理想生活模式。

越忙的人越要有留白的時間

好多事情都在那個獨處時間想清楚，心裡就更清楚什麼事該做，什麼事該拒絕，心裡篤定了，做任何決定都不煩躁，了然於心了。

畫畫和設計講求留白，人的時間安排也要重視留白。

你有沒有發現成功人士都很忙碌，但他們工作效率相當高，而且還遊刃有餘做更多事情。通常我們以爲他們會忙得沒有時間，但他們反而會刻意讓時間留白。留白是爲了頭腦清楚，是爲了走更長遠的路。

現在在職場上每個人都有一個共通的問題，就是時間永遠不夠用，高階主管更是嚴重。如果忙得有結果，可能還覺得時間付出有代價，但很多人到頭來卻發現白忙一場，因爲沒想清楚，只讓手腳動，頭腦沒動。

這樣的人每天夾雜在處理不完的雜事和緊急事件上，像救火隊一樣，滅了這個火，再跳入另一個火坑，解決另一項問題。每天累得回家只想躺下就睡，完全沒有時間思考。他們將大部分的時間都耗費解決眼下的困難，卻無力想像未來的事。

忙，看似是一個理所當然的現象，但是時間管理卻是自己可以控制的。只是我們通常都是被行事曆拖著跑，並沒有有意識地檢視其必要性。很多老闆們把行事曆交給祕書，爲了彰顯自己的負責任，跟祕書說只要有人需要我就排時間進去，久而久之變成了行事曆的魁儡。

前些日子跟一位政府官員聊天，他感慨現在的政府官員，每天都在忙著想對策，而不是政策。政策是長遠的計畫，而對策只是當前的問題解決，官員無力思考方向，只能見招拆招，用「關關難過關關過」來安慰自己。這對百姓是一件非常危險的事，非全民之福。

企業主管或領導人也一樣，大家都知道越高位的人時間越重要，每一個決策品質都關乎到最後事情成敗，所以領導者的時間一定要花在最重要的決策上面。但是人如果一直處於一個極端忙碌和緊張的狀態，是無法冷靜地思考，而且頭腦會變遲鈍。因此越忙的人越要心有警惕，絕對不能放任自己太過忙碌，而沒有時間思考；否則在精神疲憊，思慮不集中的狀態之下做決策，是非常危險的。

很多人會一臉無奈地說，我也沒有辦法，每天被行事曆追得連喘口氣的時間都沒有，當然沒時間想。但身爲領導者一定有自覺，你是不是太習慣照著祕書排定的行事曆走？你是不是沒有拒絕不重要的會議？你是不是害怕時間空檔沒事幹，所以都事必躬親？你是不是沒有安排沒有接班人，所以當你不在時，大家都要等著你做決策。你是不是沒有安全感，需要證明自己的存在感？

如果你不曾思考這些問題，沒有深層地反問自己，只是日復一日忙得像陀螺，當然不會有改變。

我的解決之道是強迫自己在行事曆留白。開始告訴祕書，每個星期的某天的某段時間都事先保留，除非是緊急狀態不准任何行程插進來。當然一開始的時候會很不習慣，但是無論如何都要刻意做練習。

我年輕創業有一段時間也是忙得焦頭爛額，連生病了都找不出時間看醫生，就用意志力撐著；真的撐不住了，頂多跑去打一筒點滴又繼續工作。最後直到有一天我發現自己時常處於焦慮和失去耐性的狀態，決策粗糙，已經不再是那個喜歡的自己。在一次比稿失利，失去重要的客戶時，我大哭一場，從此決心改變。

我告訴祕書，將每個星期幾的某個上午或下午鎖住，不排任何的會議，我要獨處。那個留白的時間我會刻意遠離辦公室，有時去咖啡店坐坐或獨自散步，想一些棘手的事，是否可有更圓滿的解法，想公司未來的方向，想接下來人才發展的問題等等重要而未決的事情，不讓他人打擾我。

那一個空白時間對我太重要了，好多事情都在那個獨處時間想清楚，心裡就更清楚什麼事該做，什麼事該拒絕。心裡篤定了，做任何決定都不煩躁，了然於心了。

刻意讓自己有留白的時間，不需要覺得自責或心虛，唯有我們自己清楚這事情對我們的重要性。獨處時有利思考，有利閱讀，真的困惑時，找一位良師益友請益，都比我們無意識地忙碌在冗長的工作中，要來得有價值得多。

像比爾蓋茲這樣日理萬機的世界級商業領袖，每年都安排至少一週的思考週（Think Week），這一週他會躲在自己的別墅裡，看書，思考公司及產業的未來，如何改變世界等重大的議題，給自己一段不受打擾的獨處時光。越忙的人越要有留白的時間，讓自己清醒。

將時間留白絕對不是一件奢侈的事情，當你越沒有時間，越要強迫自己重新調整行事曆。讓你的心沉澱，讓你的情緒穩定，讓你有想像力，讓你的大腦更清楚地運作。

時間留白，絕對是領導者的必要之惡，是讓決策品質更好的關鍵時刻。

越忙，越要去學一樣有興趣的才藝

當工作失去熱情，解決之道不是睡覺或是躺在沙發耍廢，反而是學一件有興趣的事，喚起內心的渴望。

經常有一些上班族問我，怎樣可以重拾工作的熱情？他們大多表示工作忙碌，沒時間休息和思考，每天像個陀螺轉啊轉，也不是不喜歡這工作，但越來越沒有活力，提不起勁兒了，怎麼辦？

那就趕快去學一樣才藝，或找一件有興趣的事去做。他們聽了很困惑，明明就忙到沒時間，怎麼可能還去學才藝上課呢？然而就是因爲這樣才需將自己的重心從工作轉移到另一件事情，不能讓自己生活只有工作。因此讓自己重燃熱情，最快的方式就是去學一件自己喜歡的才藝。

有時候我們並不是不喜歡工作，而是工作千篇一律，無暇思考，意義感就不見了；而當生活沒有期待，心靈也空虛了。所以要讓工作變得好玩有意義，就是要讓生活有所有期待，那麼我們必須讓工作只是生活的選項之一，而不是全部。當人們有選擇時，生活才能鮮活起來。所以當工作失去熱情，解決之道不是睡覺或是躺在沙發耍廢，而是學一件有興趣的事，喚起內心的渴望。

倘若生活中除了工作只有工作，久了之後我們會覺得面目可憎，日子毫無變化。當生活沒什麼可以期待，你不會喜歡自己，熱情就會慢慢地消失。現代的工作講求效率和速度，上班族壓力大，生活緊張已經變成常態，若持續這樣的狀態就會覺得生活毫無樂趣。越是這樣，越要有意識地去分散能量到自己興趣和喜歡的事物上。所以培養一項讓自己有期待的興趣是很重要的行爲。

我自己就是經歷過這樣的歷程。在創業期間有一天突然驚覺自己生活乏善可陳，因爲創業的關係把自己的時間塞到滴水不漏，回到家之後只能躺在沙發上說不出話來，連小孩看了這樣的媽媽都會覺得厭倦。直到有一天我驚覺不能再這樣過日子，才想要重拾興趣，一年學一樣東西來改變自己。

沒想到這樣改變之後，生活也起了變化。不但工作效率提高，心情變得不焦躁，人也有趣起來，結交了不少非工作上的朋友，日子變得豐富起來。

雖然培養興趣會花時間，但是它會成爲忙碌工作的一種很好的調劑。自從我開始學習油畫之後，它讓我的生活不再只有工作，我反而希望快快把工作完成，好讓自己有時間去畫畫，因爲它讓我開心快樂。我在畫畫的幾個小時之內我完全放空，不會想工作煩人的事，反而聚焦在作畫上，短短時間讓我非常的舒壓，是一個很好的療癒。

別再將沒時間當作藉口，時間擠擠就有。試著去找以前喜歡做卻沒時間去做的事，無論是畫畫也好，唱歌也好，運動也好，烹飪也好，無論如何就是再次發覺內心的渴望，把自己喜歡的興趣撿回來，我們也會變得有效率。因爲想擠出一點時間去做自己有興趣的那件事，慢慢地覺得人生也美好起來。

PART 5

變成管理者之後……

原則是死的，待人卻要靈活

用框架的原則來待人，在處理人上面，沒有彈性，不看情況，就顯得沒有同理心。

沒有原則的人令人卻步，但是太有原則的人卻令人害怕。

原則是做事基礎的框架，也是專業上該遵守的條例，但是不能死守，必須因人、事、物的變化，適時調整，否則變成僵化。所以我很怕的一種人就是拿框架的原則用來待人。

做事有原則代表有立場，有價值觀，也有選擇，可以讓別人跟你配合的時候了解你的立場，有所依循，這是有原則的好處。但是用原則來待人的時候，尤其是上對下的關係，會令下屬或服務他的人感到嚴苛、害怕。同時死守原則會讓合作方的人感到緊張，喪失迴轉的餘地。

我認識一位在科技業擔任主管的企業朋友，他宣稱他的原則就是每個人都應該要做好分內的事情，要負起責任；他專業能力強，所以也無法忍受沒有把分內事情做好的人。聽起來好像沒有錯，但就錯在沒有彈性，沒有同理心。

有一次我們去餐廳吃飯，一位店員幫我們點了餐卻忘了上，害我們等了許久，他把那個店員叫到面前足足罵了五分鐘之久。店員一直在旁邊鞠躬道歉，我在旁邊一直勸說適可而止，他卻理直氣壯地說，服務不專業本來就應該要被罵，否則她以後不會進步。我可以想像，當他的部屬一定不好過。

用框架的原則來待人，而不去看當時的狀況原因，就難免太過嚴厲；在處理人上面，沒有彈性，不看情況，就顯得沒有同理心。太有原則的人他們用自己的原則在衡量別人，所以他接受不了不符合他原則的人。與這樣的人當朋友，你要非常小心不能觸碰到他的眉角，否則他自己不舒服，也會讓你不舒服。

我有一位朋友老是把他的原則掛在嘴上，譬如他會說，我這個人最痛恨不準時的人，遲到的人就是不尊重他人的時間。這我們都同意，可是總得看狀況，有些是情有可原，留點餘地給別人。但是他說原則就是原則，不能有例外，只要有誰稍微遲到個幾分鐘，就得面對他的臭臉。有一次他自己發生了一點小狀況沒辦法準時赴約，卻也沒怎麼責怪自己。這種人反而是很容易寬以待己，卻嚴以律人的典型。

在生意上我同意有些價值觀是底線，譬如誠信、公正。但誠不誠信，公不公正畢竟是由人在判斷，連法官判案都可能引來眾怒，更何況由一般人來判斷，還是得留一些空間彈性，看是惡意或是無意。有人是無意踩了地雷，是否留校察看即可，不必立即判出局。

拿框架的條文來待人，將原則當作處事標準，死守自認的正義不變，會有冷血暴戾的傾向。更何況有些原則是他自己設立的原則，不是普世的價值，那就更令人不敢苟同。

管理如果太強調規則和懲罰，是會有後遺症的。譬如有管理者在乎準時，會立下標準，譬如打卡、罰站或罰錢，這些都很容易執行；但是若不從價值觀去宣導，很容易淪爲空有法規，沒有效果。

我聽過有一位總經理每次對開會遲到者都罰一分鐘一百元，但是後來發現被罰款的人，心裡反而沒有內疚了。他們覺得自己已經被懲罰了，演變成不想參加會議的，就乾脆繳錢了事，其實沒有達成目的。

原則用來做事，但待人留些彈性，多些同理。人際相處在不失原則下，讓自己舒服，也讓別人舒服。

授權的兩難，成功與失敗我都碰到了

沒有機制去遴選理念、價值觀一致的員工，當能力成為唯一考量的時候，能力越強，但品格不好的員工，隨著職位的提升對公司的危害越大。

管理者要輕鬆，授權是很重要。不授權累死自己，但授權不當，有可能種下麻煩。雖然我們都明白適當的授權可以使公司強大，也是提升員工成就感的要素之一，然而公司越大「風險控管」也越重要，因此如何授權成了最大難題。

最近閱讀了Netflix的《零規則》（天下雜誌）這本書，強調去除掉組織的框架，授權讓員工決定自己該做的事，給與最大程度的自由，能激發員工的創意和向心力，最終可以爲企業創造最大的利益。我相信這應該是所有CEO最夢寐以求的事吧！然而前提是 NetFlix 擁有信任和尊重的企業文化及當責的員工，倘若沒有這些，授權將也可能是災難。

大部分的工作者都希望可以進入自由度較高的企業，比較能實現自己的夢想，能夠較自主性地做決定，驗證自己做的到底對不對。這是個人成長和成就感的來源，不管是成功或失敗，當事人的學習與成長應該是最大的受益者。相對地有學習成長的員工，也能對公司做出更大的貢獻。

雖然企業要給員工試錯的空間，然而並不是每個公司都願意去承受員工所犯下的失敗。越大的公司就有設立越多的管理規則，光是「風險控管」這個理由就足以讓企業縮手授權；但是不願意承擔員工犯錯的企業，只能培養一群打安全牌的員工，絕不會有創新的思維，這是管理的兩難。

回想我在管理經營公司的時候，我也糊里糊塗做了充分授權這件事，連人事權都放，只是因為自己太忙不得不授權。當時也不知道自由與責任之間的平衡和策略哪裡，只能告訴員工「以客戶利益第一為考量」的原則下就去做，雖然難免犧牲公司的利益，但卻成就了當時公司（以下稱A公司）的飛耀成長。好處是讓員工敢於下決定承擔責任，快速成長，卻也讓我嘗到了失敗的滋味。由於太過充分授權，沒有監督的機制，來自於另一家子公司主管背叛，終於釀成這家子公司（以下稱B公司）掏空公司的慘痛後果。

這兩難永遠都可能存在，事後反省，關鍵在於沒有堅強企業文化的建立，導致員工自由心證。當時我雖相信「人性本善」，但卻沒有機制去遴選理念、價值觀一致的員工。當能力成為唯一考量的時候，能力越強，但品格不好的員工，隨著職位的提升對公司的危害越大。

從此學習到企業文化與公司治理才是最根本的解決之道，雖然不可能完全杜絕心機不良的員工，但是可以將損害減少到最低。Netflix 嚴選員工也是如此，在自由授權的環境下也建立誠實敢言的企業文化，兩者相互支援，因此造就了非凡的成就。雖然也偶而發生不良的員工濫用自由的眞諦，讓公司蒙受損失，但是當事人也得付出失去工作和聲譽的代價。

我當時的授權，造成了A公司飛躍性的成長，另外一部分也是因爲授權，造成了B公司被掏空的災難。這兩者我一直到後來才分辨出不同。飛躍成長的公司是由我自己全權管理和負責，所以員工都還是會遵守我的價值觀。但B公司我幾乎都放任其自由發展沒有管理，因此也就任由該專業經理人，用自己的方式在管理；而當這個領導人價值觀出問題時，整個公司也就沉淪了。

我當時對於A公司的授權，在「誠信」的價值觀下，激發了員工最根本的責任心，當他們從工作中獲得了成就，自然就當作自己的責任一樣全力以赴。形成給予員工充分的自由，而他們扛起該負的責任的正循環，結果他們往往做到的比我想像的更好，奪下了不可能拿到的客戶和訂單；我出國不在時反而收到客戶的讚美信，當月的業績還創新高。當企業文化堅固時，就會擁有正確理念與當責的員工，不對的人自然會離開，管理者就輕鬆了。

因此我的學習最重要的是建立組織企業文化，要授權之前一定要找對人，確認有正確的價值觀，而且是符合公司的理念，這樣才能充分授權；而這個管理者所帶出來的團隊，也才是符合公司企業文化和需求。除此之外公司經營還是要有個基本的監督系統，讓管理者可以一直走在正道上。

經歷了成功與失敗的兩種天壤地別的案例，如果妳問我還願意授權嗎，我的回答是願意。畢竟授權正當的話，可以享有的成就和輕鬆是不可言喻的，授權的結果應該還是利大於弊。

當年和我一起走過創業歲月的一些優秀員工們，現在好多位都已經是跨國企業的高階主管。所以後來有幾位員工跟我談及在以前公司任職的時候，是他們學習成長最快的一段期間，令我感到十分欣慰。那時候大家相對年輕，有時他們來問我問題，我沒有答案，只能問「如果你是我會怎麼做？」因此他們必須學習精準判斷，承擔責任。我的任務最重要的就是提供資源，支援他們，讓他們去打仗。

或許是在這樣的氛圍之下，當時的員工很願意冒險，也願意幫客戶解決問題。這樣自由開放，確認當責的企業文化，造就了員工的成熟度以及公司的大幅成長。如果再重來一次，在兩難之下，我仍然會選擇充分授權，但是會更注重企業文化的建立，花更多時間甄選價值觀一致的員工，如此而已。

企業文化可以公開透明，不代表一切都要眾所周知

公開透明的企業文化，不代表什麼事情都要公布。尤其是人事檔案中對人的評估意見，不適合公告周知。

人人都嚮往自己工作的企業環境是公開透明的企業文化，但真的是什麼情況都可以攤在陽光下嗎？

有一次跟一家新創團隊開會，其中 CEO 跟我們表述最近有一個重要人事上的變動，就是有一位資深的主管表現不如預期，沒有達成公司設定的目標，丟失了一個大訂單，談了幾次之後也沒有改善，所以請他離職。

由於這位 CEO 希望建立一個公開透明的企業文化，所以他將這位資深員工爲何離職的原因以及做了什麼事情沒達到目標，談了幾次也沒改善的過程，清清楚楚、一五一十地寫在離職表單中，並且公告在布告欄上讓每個員工都能看見。我當時心裡一驚，覺得這件事可能會有後遺症。

我再追問之下，原來這位員工之前的表現不錯，但不知爲什麼近幾個月表現不如預期，對於公司想要爭取的大訂單也沒有積極的行動，公司提醒過幾次，但還是被競爭者搶走了，令公司對他非常失望，所以面談之後請他離職。我問CEO 這位員工是否心甘情願接受公司的處置？他說面談算是順利，因爲之前已經告誡過幾次並無改善，員工也知道自己錯了。聽完後希望我的擔憂是多餘的。

員工會突然表現和以前有很大的落差，通常都是個人生活發生了一些問題而影響工作，或是突然失去工作的熱情。因此在與員工訪談的時候除了針對工作上的缺失提醒與改正之外，應該側面了解他是不是生活手中發生了什麼事？

爲什麼這麼重大的案子他卻心不在焉？可能有隱藏的原因。

我想起之前我公司也曾經有一位很優秀的總監立下了不少的戰功，但有一段時間卻對某一位原客戶服務非常不到位，引起客戶上司的抱怨，我也好幾次告誡她要改進，但是最終客戶還是辭退了我們。我當時非常地生氣，很想調降她的職位重新開始。最後經過一次深談之後，我才知道客戶團隊中有位經理是她的前男友，曾經深受情傷的她，心裡非常抗拒服務這位客戶。但是爲了公司利益，她也想盡量公私分明，從未提及此事，但最終情緒起伏還是影響她的工作表現。面談之時，她止不住的淚水充滿了委屈。

聽完之後其實我也了解到，若不錯的員工與之前表現落差很大時，必須要了解隱藏的原因，當事人其實可以尋求公司的幫忙。像這樣的事情對公司而言是很好解決的，只要轉換團隊即可，當事人不必自己硬扛。

我認爲公開透明的企業文化，不代表什麼事情都要公布。尤其是人事檔案中對人的評估意見，資遣的原因以及處理的過程留存於人事部即可，不適合公告周知。否則讓同事們有議論的空間，對當事人而言也難堪，尤其此人並不是道德上的瑕疵，無須宣判罪行。

公關有一個藝術叫「眞話不全說，假話決不說」，或許可以把握這個原則。公告的事實就是某人被資遣，資遣原因只要寫明工作不適任，未達目標即可。眞正原因主管知道，人事部門知道就好，並不是公開透明原因之後就代表辦公室從此相安無事。

當然勞基法有所謂的「資遣預告」以及「資遣通報」的法令規動，但是這都是針對員工本人以及通報相關機關的程式而已，透明開放的企業文化指的是公司沒有黑箱作業，決策的過程透明，讓員工了解公司的想法，但並不代表所有細節必須公開。

我之前對於要離職的員工，除非他犯下了公司不能忍受的道德底線，或是違背價值觀的重大錯誤，否則不論什麼原因我都會爲他們好好辦場溫暖的離職聚餐。因爲他們在這裡表現不好，並不代表他們在其他的公司也會做不好，有可能只是還沒開竅罷了。

人事的處理是最複雜也最困難的，每個人的狀況和立場不一樣，但是人人都需要尊嚴和面子。若只是不適任的員工，離職前談話很重要，說清楚公司爲何處置原因，但要留個面子讓這個人好好離開。俗話說「好聚好散」，難說哪一天他在外面歷練開竅了，又可能有機會可以回到公司效力。

在管理上善用命名的威力

命名可以翻轉員工士氣。以心理學的角度，當你知道別人對你有所期望，而且是你認同的期望，你就會朝著那個目標前進。

我們都知道命名很重要，因此在行銷人員總是想破頭，用吸睛的名稱來達成品牌的好感度和增強消費者記憶點，這其實是一個很重要的技巧。譬如想買一本書你會被它的書名所吸引，看一篇文章你也首先注意到標題，所以這是一個吸引他人以及學習聚焦的能力。

在行銷上，好的名稱可以令人望文生義，琅琅上口，搶占人們心智。但你知道在管理上，不論職務，或是組織、任務命名，同樣取得好，取得妙的話，也有如神助的效果。其實，命名技巧還可以運用在很多方面，尤其是在組織文化、任務和向心力上，但是很可惜企業或是主管卻很少人注意甚或運用這樣的技巧。

在這裡我舉幾個案例，你們就知道這個名字的威力有多大。早期我剛畢業時在電腦公司擔任業務助理，那時候公司的業務掛的頭銜是「銷售代表」，當時公司一直鼓勵這些銷售人員要能夠主動了解產品知識，和電腦相關技術和規格；但那時候銷售人員總認爲自己的任務就是盡量把機器賣出去就好，至於產品知識或售後服務都是工程部的責任。所以公司在銷售電腦產品時都得派工程師跟著銷售人員去解決客戶技術上的疑問，徒增公司成本。其實有很多的問題只要具備一點產品常識就可以解決的，但是銷售代表卻表現得壁壘分明，令公司頭痛。

後來公司很聰明，有一天公司將業務人員的頭銜改成了「業務工程師」，這個名稱印在名片上竟然在這些銷售代表心裡產生了微妙的變化，從此以後這些同事們開始積極地專研電腦方面的相關產業和產品知識，因爲他們覺得自己不只是銷售員而是工程師。工程師三個字帶給他們專業感和責任感，所以主動吸收有技術含量的知識，解決了八〇%第一線客戶所提出的問題；客戶滿意度和效率因而增加，公司也節省了大筆的人事成本。那是我第一次認知道命名可以帶來這麼大的效益。

有一位知名企業的董事長也曾經跟我分享過他組織更名的案例，當他活用了命名的哲學，成了組織變革和激勵人心的利器，其力量不容小覷，比他想像的都大。他說公司以前「總管理部」總覺得自己是管理單位，高高在上，業務部的需求根本很難聽得進去，他不管協調過多少次，兩個部門還是進步有限。後來董事長靈機一動，將總管理部改成「業務支援管理部」之後，整個公司的氛圍都不一樣了，支援業務部變成了原管理部核心的工作項目，兩邊的關係變成一個團隊，同心協力完成目標。董事長從此更有創意調整其他部門的名稱，組織變革變得虎虎生風。

迪士尼有一個工作的職稱是「夢想工程師」，他們主要負責的就是把那些天馬行空的想法和點子落實成產品或服務，得到這個職位的人都認爲自己是與眾不同，打從心底就激勵自己，必須具備比別人更好的創意。這個職稱也獲得媒體的注意，內外的動力，同時也建立迪士尼在創意方面的日新月異。

命名其實是一個簡單的動作，卻帶給人們這麼大的不同感受和激勵效果，甚至改變組織，可以翻轉員工士氣。以心理學的角度，當你知道別人對你有所期望，而且是你認同的期望，你就會朝著那個目標前進。

聰明的管理者不妨發揮創意，運用命名讓組織活起來，讓員工對職稱有歸屬感和榮譽感，不用花預算卻能達到意想不到的效益。

遇到跳 tone 卻有創意的員工，捉大放小

必須保有一些彈性，給他一點空間，在小事上讓他自己做主，但在重要的專業上譬如效率、期限、專業上則是要要求。

公司要能成長就必須要納入年輕又有創意的員工，但是有創意的員工卻很難管理，如何激發他們，爲公司做出貢獻？

在職場裡面我們都知道那些愛搞怪、無厘頭、有不同意見的員工真的很令人頭痛，但是有時候他們偏偏又是團隊中特別有創意的人，這樣的人也特別有意見和觀點，遇到這樣的員工該怎麼辦呢？應該要壓抑他讓他謹守紀律，還是睜一隻眼閉一隻眼，爲了擁有他的創意？

我從來不覺得紀律和創意這兩件事情是衝突的，不能同時擁有的。其實眞正的創意反而必須在紀律中去完成。領導者必須給他們一個框架，在框架裡面講求自由，但絕不能超出底線，否則難以服眾。年輕人要創意，但他們也喜歡有制度的企業，能夠講好遊戲規則，說服他們，他們是會講理的。

對於這樣的員工我們必須保有一些彈性，給他一點空間，但是又不能妨礙組織機率，所以在小事上讓他自己做主，但是在重要的大事上必須要求他遵守。譬如衣服穿著，工作地點，可以給與彈性自主的空間，因爲他們大多數需要一個個人識別（identity），一個與眾不同的辨識度；但在重要的專業上譬如效率、期限、專業上則是要要求。

對於跳 tone 耍酷的年輕人不是一昧地管教他，反而是給一個舞台讓他們好好去發揮，將他們的活力與熱情燃燒在這上面，他們反而沒有時間去作怪。我之前有一位員工非常喜歡說話，愛表現，尤其跟客戶溝通很有一套，常逗得客戶很開心；但他的主管就覺得他難以管理，又不夠專業，每次會議上他要發言時，主管就會刻意制止他，不讓他有個人觀點。過不久之後這位員工變得悶悶不樂，失去了往日的活力，工作上的表現也慢慢地變得不起勁，終於提出辭呈。後來幾年後我遇見他，沒想到他到大陸發展，變成了有名的專業講師，擁有眾多的粉絲群，行程滿檔。

這件事讓我覺得優秀的主管要懂得挖掘下屬的優勢，激勵他，讓他們適才適所。但這件事不容易，作主管的都要克服心理上害怕下屬不聽話的恐懼，主管要能夠有足夠的自信才能處理下屬的不同想法。然而另外一個角度，對下屬而言，就算現在低潮，此處不留爺，生命自然會找到出路，是人才就會找到適當的土壤生長下來。

創意多的年輕人就像一個過動的孩子一樣，他的精力無從發揮，所以要幫他找一個管道抒發，否則他的活力就會變成了壓力。我在與這些年輕人相處的過程發現，當他們找到自己的舞台以及熱情所在，他們就變得很有責任感，而且慢慢地沉穩起來，因爲他們希望也被看待成一位「大人」。

給舞台和講紀律之間是要同時進行的，最好是針對他們的優點賦予任務時，就規範好目標和遊戲規則，希望產出什麼結果，期限是何時，資源有哪些，什麼可以做，什麼不能做，這些溝通清楚後就讓他們用他們的方式去表現，他們所產出的效果往往比會我們想像的更精采。

管理上對於有創意卻比較隨興的員工，更應該一開始就將公司規章溝通清楚，這樣他們犯規時予以規勸會比較有依據可循。但只要是公司規章沒有的規定就不要太執著。譬如你覺得他們講話沒大沒小或是穿著吊兒郎當，這些都是很主觀的意識；這些東西在社群年代，他們自有一套審美觀念和行爲語言，倒不如專注於他們的專業表現和產出。

以前我身處於創意產業上也經常會遇到這樣創意的人才，他們最在意的是工作自由度與自主權。對於死規章他們是不屑的，如果硬要他們遵守一些公司規定，譬如在穿著上或是規定上下班時間，那他們肯定會覺得窒息。所以要讓這些創意人才有所發揮倒不如抓大放小，在大方向上給予目標，告知評量方式，專注他們產出，而不是枝節上要他們遵守規定。

現今社群年代有很多網紅或YouTuber，一夕成名，其實就是新世代年輕人的雛型。她們的思維很單純，不要跟我講冠冕堂皇的規則和似是而非的道理，我自有判斷能力；只要給我一個認同的目標，我就可以很專注，發揮得很好。

有時候是我們大人綑綁了自己，也用我們的思考去綑綁年輕人，自以爲是爲他們好，卻小看了他們的潛力。

別以為只出一張嘴的顧問就應該廉價

沒有任何人有義務要幫你，如果你需要請益別人，你的態度就應該要誠懇且尊重。

一位職場資深且優秀的女性 CEO 剛離開職位，想要休息一陣子，所以並沒有很積極尋找下一個工作機會。在這段空檔期間，便有很多同業找她請益及諮詢。一開始她都非常願意幫忙，後來她忙東忙西了兩個月之後，越來越覺得不對勁，她發現這些要求她協助的人似乎不懂尊重，覺得理所當然，她開始感覺熱情燃燒殆盡，於是我勸她暫停「服務」，專心休養身心。若想幫助只幫那些懂得尊重專業的人。

事情是這樣的，她剛退下職場便有一位年輕的同業打了電話表達想找她請益，希望她可以下南部參觀一下公司。雖然要花一整天的時間，她秉持著想幫助人的心情也欣然答應。但是約了好幾次時間，那位同業總經理不是臨時取消會議，就是在最後時刻又更改時間。

我的朋友當然覺得很不舒服，以前在職場時都是這些晚輩千方百計排時間要來見她，現在卻好像變成她沒事幹似的，可以隨時被更改時間。原本她是被同業仰之彌高的先進，爲了這些請託她自願自掏腰包下南部不打緊，現在卻變成了隨時有時間的「閒人」，需要等待這些忙人的時程，她質疑怎麼沒有了工作職務，專業也變成了不値錢。

人性就是如此，免費的不値錢，花錢的才心痛。當你退出職場少了職位，別人就認爲你一定閒閒沒事幹，時間多得是，所以不需要那麼緊張地配合你的時程。所以對於退出職場或暫離職務的專業人士，要維護自己的尊嚴，有幾點要注意。

第一，千萬不要讓別人覺得你很閒，你就算很閒那也是你的事，你有你的節奏要走，不用勉強，有求於你的人應該對方來配合你。

第二，除非你願意或覺得値得，否則千萬別當免費的顧問，就算你的顧問一口千金，看問題下刀俐落直指核心，但是因爲不花錢所以對方不會有感。

我請朋友告訴對方，她的時間很寶貴也很忙，所以如果同業眞的需要請益的話，請他設法上台北來，如果沒有時間那就作罷。果然這麼說之後，那位同業馬上安排自己的時程表上台北來見她請教問題。

這不是擺譜，而是教育對方。我要表達的是，沒有任何人有義務要幫你，如果你需要請益別人，你的態度就應該要誠懇且尊重。專業是很昂貴的，但是很多人都以爲只是動動嘴巴又不花什麼力氣，憑什麼付那麼高的價格。可是他們往往不知道，專業的顧問能夠一針見血，說出一些有道理的話或提供建議，他們可是累積了幾十年的功力，難道這幾十年的功力不是一種價値？不需要被尊重？

很多台灣的企業不願意付費請專業的顧問，而是尋求簡單而不花錢的方式來得到自己想要的解決方案。他們以爲拿到了一帖解藥，就自己回去亂塗，但通常如果不是透過專業的機制去執行，這帖解藥也只是過期的解藥，藥效打折。

對於這類事件，我常說一個故事來驗證。國外一位客戶因爲一個投資案卡在相關部會，他希望有個法案可以快速通過好幫他企業解套，於是他委託一位專業顧問幫他打通政府關係，讓他可以見到關鍵的官員說上話，不論花多少錢他都願意。這位顧問在他面前拿起電話打了一通電話給關鍵人物，安排他們會面，放下電話之後，這位顧問開了一張十萬美金的支票給他，客戶驚訝地說，爲什麼一通電話要怎麼貴？說完這位顧問回答，「沒關係！如果你嫌貴的話，我先將這個約會取消，然後你來打打看！」

對於專業我這裡還有一個眾所皆知的故事。畢卡索成名後有一次到一家餐廳用餐，隨手拿起餐巾紙作畫，畫完話便要丟棄，隔壁有個女生認出是畢卡索，就跟他說：「畢卡索先生，你剛剛塗鴉的那一張餐巾紙可以給我嗎？我願意付錢。」

畢卡索說：「好啊！兩萬美元。」

那女生一聽說，「你剛剛不就是畫了兩分鐘，居然要兩萬美金？」畢卡索看著這女生說：「不！我不是畫兩分鐘，我畫了足足六十年。」

好的顧問一語道出問題的中心，讓你了解問題出在哪裡，好的專家可以幫你達到目標。他們不是用苦勞和時間做事，在回答你問題之前，他們可是千錘百鍊的幾十年。經驗就是他們的資產，想要合作就好好珍惜他們的智慧財產，就算付不起那個價錢，也要尊重人家的專業，以免壞了關係，以後再也沒有人想要幫助你了。

有包容力的主管才有講眞話的下屬

一家具有創新精神的企業，必須要有敢勇於說真話的員工，塑造可以互相討論和辯論的企業文化，這種溝通才能無障礙，才有創新的可能。

每個做領導的都希望可以有講眞話的下屬，聽到眞話，這樣組織才能不斷創新。然而可能你自己就是破壞那個眞話氣氛的兇手，因爲眞話不好聽，你只要不開心，下屬就都學會察言觀色。

害怕領導或害怕權威也是很多初入職場年輕人的通病，尤其進入了職場，如果老闆官威特別大，就會有依賴「老闆說了算」的企業文化。進入這樣的企業，年輕人會變得越來越不敢表達，越來越不冒險。

官僚體系是大組織容易發生的症狀，所以一定要避免，否則員工爲了保住職位，已經學好服從領導，不冒險，不思考，不質疑，無法培養獨立思考，事事都要老闆做決定，對自己沒自信，就算領導是錯的，也就陪著主管錯到底，直到出現大危機爲止，這是公司最大的風險。

根據調查，一家具有創新精神的企業，必須要有敢於說眞話的員工，不論位階只辯論事實和最好的方案，塑造可以互相討論和辯論的企業文化。這種文化老闆必須學習放下官威，容忍員工的直言和「沒禮貌」，傾聽意見，不加以判斷；就算力排眾議而做成的決定，也向大家解釋原因，如此一來才能夠讓提案者或建言者感受到有貢獻，這種溝通才能無障礙，才有創新的可能。

在這樣的文化之下，員工比較能培養出一種自信的能力。員工的自信是企業很重要力量，在客戶面前他們可以不委曲求全，相信專業，尊重他人，相信自己和公司，代表公司對外溝通談判也會彰顯自己的專業價値。企業不就是希望能夠擁有這樣的人才，但是在培養的過程中爲什麼又希望員工順從聽話？身爲主管都必須檢討自己的胸襟和包容力。

我之前在外商傳播集團工作，公司也是鼓勵創意和說眞話，其實這個行業的特質就是「不聽話」的員工特別多，才有創新和創意的可能。但是做老闆的胸襟及容忍度就很重要，所以我常開玩笑，在講求創意的公司工作，老闆的能力不是最重要，胸襟才重要，因爲有胸襟才能留下優秀有創意的員工。因爲大部分的員工會看風向，如果眞的說了實話而看到老闆臉上表情不對，那他下一次就再也不說了。

我也是這樣被訓練出來，一次又一次的在下屬提出不認同我的做法時，必須忍住自己的不舒服，讓他們把話說完，不斷地問問題來釐清問題，才能激發更好創意。因爲我發現只要我一露出不悅或失望的臉色，員工也很聰明地見風轉舵，下次他們就會避開地雷，盡說些你喜歡聽的話，那麼說眞話的企業文化就不容易培養了。

身爲主管的你，在抱怨底下沒有出色的員工之前，可否想想自己的領導風格是否限制了員工暢所欲言，勇於說出自己的觀點。先改變自己，才能擁有進步的企業文化。

克制自己喜好，避免養出揣測上意的下屬

凡是喜歡自己亂出意見的主管，只會訓練出兩種屬下，一種是逢迎拍馬，一種是揣摩上意，到最後就聽不到真話了。

如何培養出開放自由的企業文化，避免養出馬屁精和揣測上意的下屬？

組織大了，難免當老闆或是高階主管的人和員工之間就有了距離，有的是主管刻意保持神祕感，但大多數不見得是他們願意，而是不得不如此，因爲時間有限，不可能面面俱到，照顧到個人。

就是因爲有距離，所以下屬就會想揣測上意，希望符合老闆期待以博得老闆青睞。我發現越是天威難測，又大權在手的老闆，就越會養出喜歡揣測上意

的下屬。下屬整天忙的不是爲公司爭取最佳利益，而是如何討老闆歡心，因爲主管手上的權力和資源，是下屬功成名就的最佳工具和管道。

當我還在擔任公關顧問時，看盡很多客戶的團隊在評斷案子成不成功，不是看產出效果，以及爲公司帶來多少利益，而是看老闆開不開心。有一次某家大企業要辦周年慶宣示企業轉型，窗口在規劃初期還堅持必須符合市場需求與目標設定，但中途老闆想要邀一位正在話題上的名人參加，結果窗口馬上將企劃案翻修了一遍，到最後主導整個企畫案成了那位名人的主秀舞台，公司的轉型訊息彷彿變成次要的目標。

我們團隊建議該次活動名人出席即可，不要接受採訪，而且要事先管理名人說話的訊息，以免隔天曝光訊息會變得不明確，但窗口卻沒有膽量去說服老闆。果然活動隔天的報導全落在那位名人身上，公司轉型的消息被稀釋掉了，但窗口事後卻避重就輕地報告老闆曝光率很高，至於訊息是屬於媒體自由，不可控制的。

老闆相信了，還是很開心，因爲做足了面子給這位名人。看到老闆滿意，窗口更是覺得自己做對了，可想而知這個員工未來不會去思考什麼才是對公司最好的，反而會更加思考如何判別老闆的心。

有什麼樣的老闆就會有什麼樣的企業文化，老闆若只喜歡聽好話，下屬一定極盡諂媚之言，讓老闆開心；講眞話就是笨蛋，徒惹老闆不開心，自己烏紗帽都可能掉。只要令老闆開心，未來升官發財一路發，這就是爲什麼揣摩上意這種行爲這麼興盛。

所以當位階越高，自己要越有自覺，不要在會議上亂出主意。凡是喜歡自己亂出意見的主管，只會訓練出兩種屬下，一種是逢迎拍馬，一種是揣摩上意，到最後就聽不到眞話了。要杜絕此風，就請在高位者盡量不要管小事，不要中途介入專業的評斷，不表示自身的喜好，只要問對的問題，問爲什麼，讓專業的團隊思考，做出最好的建議。

日理萬機的主管們不見得有下屬專業、明白細節，所以我認爲好的下屬是可以站在公司角度，勇敢表達觀點，分析風險，讓主管做出適當的決定，才是一種專業的能力。

其實組織權責越分明，作業系統越透明，以及老闆越授權的公司，比較不會有此現象。一切照制度行事，下屬知道自己的權限與責任，老闆尊重專業，不亂出主意，反而造就能幹有能力的下屬以及自我學習性的組織。

聰明的老闆通常明白人性，知道只要自己表示喜歡，事情就會往那裡發展，除非這是他的策略，否則會讓專業得回歸專業。只要給大方向，細節讓員工自己做主，學習負責任。

所以老闆英不英明，拿捏分寸就在一念之間。

做品牌從改造辦公室開始，員工變得不一樣

品牌必須要由內而外，裡外合一，企業才能基業長青。行為的改變必須要思維改變，透過創意設計讓空間與理念結合，賦予更高的意義，員工在這樣的環境上班都會覺得驕傲。

才一到大門，老闆在辦公室門口迎接著我們，長長的一條飛機跑道在前面延伸，地上還寫著 Welcome。辦公室的牆壁是飛機的外觀，員工在開放式的空間工作，光線特別明亮，牆上掛著不同時區的時鐘，還有出境表，仿佛寫著要起飛的航班。這樣的一間辦公室充滿了創意和活力，員工們專注且自在地工作著。這是我去參訪一家日本企業，整個辦公室的裝潢令人耳目一新，留下深刻的印象。

這是一家日本食品代理商，是規模不大的中小企業，很訝異這位老闆怎麼有這樣前進的思維。坐下來聽老闆的簡報，才知道老闆的願景是希望建構一家跨國性的公司，但是光講理想，員工們並不在意也毫無感覺，他不知如何著手，於是他找來品牌大師諮詢，建議他從改造辦公室環境開始。

辦公室裝潢是一件再普通不過的事，但是品牌大師讓辦公室裝潢不只是裝潢而已，結合了公司的願景。改造之後，結果竟然也改變了整個公司的企業文化，不僅增加了員工的應徵人數及留任率，組織向心力還提升不少。這在缺工嚴重的日本是一件很不尋常的事，尤其是聘僱年輕人。小小的一個改變，引起公司管理的一個質變，還引起媒體的報導。

或許大家認爲很奇怪，要植入文化這種東西不是應該從理念溝通，和員工不斷地對話所創造產生的嗎，怎麼會從辦公室的改變開始呢？但品牌大師希望透過辦公室的改變來象徵老闆的決心，將公司的願景導入到辦公室的改造，用設計元素直接向員工訴求公司的願景和理念，有強化的效果。

由於該公司的願景是國際化，將象徵國際觀的機場元素導入，於是有了大廳入口處的飛機跑道，有了機身的牆面，還有掛出出境表的表格，其實是六家投資的子公司成立日期，以代表老闆國際化的決心。

整個辦公室充滿了飛機場和國際化的氛圍。這位創辦人表示，因爲辦公室的改造意外地讓來應徵的員工人數比之前多了十倍之多，尤其是年輕人。可見將願景視覺化，表現在辦公室每個角落，員工每天在這樣的環境工作，自然可以感受到公司的理念和目標，無形之中增強對公司的向心力以及認同感，眞是小兵立大功。

這個辦公室改造之後吸引了媒體的報導，因爲媒體的報導，又吸引年輕人來應徵，在人才需求上面解決了公司一大問題。在辦公室改造之後，員工覺得自己在這裡工作和別人是不一樣的，形成一股強而有力的向心力，口碑逐漸打開，生意越做越好。

這位老闆表示，這小小的改變帶來超大的力量，始料所未及。新辦公室啓用之後，當他在公司大會宣示公司未來國際化的策略時，沒有員工不相信。逐漸地企業文化的塑造也就無形地播種了，老闆覺得這錢花得太值得了。

品牌必須要由內而外，裡外合一，企業才能基業長青。行爲的改變必須要思維改變，而思維改變除了教育訓練之外，有時候得透過視覺和硬體的加強，才會有加成的效果。透過創意設計讓空間與理念結合，賦予更高的意義，員工在這樣的環境工作都會覺得驕傲，自信心也提升，所以不要小看辦公室的改變。

這也是爲什麼現在有很多的國際企業，在辦公室的設計上都會儘量符合時代潮流，也藉此強調公司核心精神。尤其像互聯網或新創公司，多採用創意和自由化的空間，員工在開放式的空間自由流動，便於溝通，有吧檯，有小屋等創意設計，都讓年輕人覺得上班變得更有趣，也等於對外宣示，他們是一家重視創新且自由度高的企業。在現今各行各業力求轉型的年代，倘若企業主能夠花一點心思，花點小錢，可以思考將公司願景、理念和價值觀融合在環境中，不只可將辦公室設計得符合企業文化，最重要的是讓員工們驕傲且自信地工作，或許可以招募到更好的人才。

長江後浪推前浪，前浪不會死在沙灘上

有權力時就拉年輕人一把，他們需要的是機會，機會磨練他們成長。相信團隊，給予寬大的權限，並忍受他們犯錯的可能，才有機會造就出負責任又能獨當一面的團隊。

「長江後浪推前浪，前浪死在沙灘上」，這是很多資深的人常常自嘲的一句話，其實他們心裡的不安真的是怕被後浪覆蓋而不見了。然而「世代共融」是現代一個很重要的議題，職場上年長者如何與年輕者共處，每位主管大人都逃避不了。

近年來有雜誌做了一個Z世代對於工作的調查，年輕人對於錢多、事少、離家近的工作已經不再奢望；反而是希望藉由工作尋求有機會展現能力和被看

見的舞台，進而實現自己的理想，才是令他們選擇企業的條件。所以年輕人變得越來越實際。

因此把機會給年輕人，不應該只是口號，而是需要實際落實的行動。不用怕年輕人搞砸事情，想想當年我們也是這樣一路走過來的，也不知道搞砸過多少事情，最後才能成長成今天這個樣子。

我在被問到創業成功的原因時，一直認爲時機和運氣是最大的因素，剛好天時、地利、人和湊在一起發生在我身上，缺一不可。所以小米科技董事長雷軍講過一句話：「站在風口上，豬都可以飛起來」。我眞是這樣認爲。

因爲遇到九〇年代科技業蓬勃發展，而科技公關業正萌芽，占了市場先機，也因爲大時代的風起雲湧，才有機會趁勢而起。很多我那個時代的創業家，都是沒有國際化經驗，連英文都講不好，卻勇敢地做起了國際的生意。最可貴的因素就是那個時代的趨勢和契機就正在浪頭上，勇敢的人抓住了機會，就被風吹起來了。

所以只要把機會和舞台給年輕人，必然可以脫穎而出，有權力時就拉年輕人一把，他們需要的是機會，機會磨練他們成長。當然現在互聯網、數位、AI、NFT等新科技都是年輕人的天下，但在企業裡，他們還是需要資深的人給舞台，才有被看見的機會。

我以前的員工回來找我聊天，最大的心得和感謝，幾乎都認爲當初公司給的空間和舞台，讓他們實現自己想做的事情。在當時幾乎同事們都是二十多歲的年輕人，大家都剛出校門沒多久，在公司就很像在社團一樣。觀念很好溝通，但連老闆的我都在摸索科技公關的領域，因爲這在當時是一個非常嶄新的行業，沒有教材，沒有標準答案，市場上沒有太多有經驗的人，所以大家就一起在摸索的過程當中自我成長。

當時他們自主性決策的空間很大，可以決定價格彈性，決定自己做事的方法，放大學習成長和想像的空間，不設限的用自己的方式去服務客戶和摸索成長。最多時候是客戶教育我們，因爲當時我們服務的都是外商客戶，而外商在公關這方面走得比我們前進一些，我們不懂的地方，客戶窗口還經常拿國外總公司的規範和案例讓我們參考，就這樣我們一步一步累積經驗，疊代式的成長。

這是當時的時空背景，所帶給年輕人無限成長的機會和空間，當時因爲我也不是很懂，所以只給大方向和架構，至於執行細項和如何做，由各自團隊自行決定。加上公關是需要非常彈性和應變的能力，處理突發的狀況，所以必須相信團隊，給予寬大的權限，並忍受他們犯錯的可能，才有機會造就出負責任又能獨當一面的團隊。而事實上他們也的確如此，沒有讓公司失望。

我不是有先知卓見，胸襟寬大，而是在當時成長快速的壓力下，我只能看大放小，讓處在第一線作戰的主管和員工自行決定做事節奏與方式，學習承擔責任；否則戰線拉太長，凡事通報老闆恐怕緩不濟急，所以只能信任員工。

這樣訓練的過程，我的團隊主管個個獨當一面，他們享有的舞台和人生故事不亞於做總經理的我。他們有人在二十多歲就和客戶坐商務艙，與一樣年輕的記者到歐美參加全球最新科技產品發布會，體驗過頂級的服務，見識世界頂尖的人物。

他們其中見過或採訪過像安迪葛若夫（Intel 前董事長）、比爾蓋茲（微軟創辦人）、約翰錢伯斯（Cisco CEO）等世界級的科技領袖，也有人陪同客戶搭私人飛機前往美國開董事會。這些經歷都讓他們在人生的履歷上留下不可磨滅的功績。他們走在世界趨勢的浪頭上，見過世界級的領袖，見識和膽識就從中培養出來了。

這些職場經歷，相對於他們的同儕是非常不一樣的，他們打開了國際視野，看事情的眼光不一樣，思維不一樣，接著人生的格局也不一樣了。多年後他們分享並感謝公司願意相信他們，放手讓他們自主性學習，有機會闊步成長，我想這大概就是年輕人最渴求的機會了。

當時我公司培養了很多見過世面、國際級一流的公關人才，截至目前爲止，這些優秀的人才還在市場上爲很多的品牌盡心盡力，發光發亮，我爲他們感到驕傲。我想「信任」是一個組織最寶貴的資產吧！

願意相信團隊，是當主管必要的素質，成功不必在我，才能養成下屬負責任的態度。讓站在第一線的團隊成員被客戶看見，重視他們，對他們產生信賴和親密感，主管不搶功，鎂光燈自然就會落在執行團隊身上，這些成就感會引導他們工作的熱情。

前浪若是能夠讓出空間和舞台，讓後浪湧上來的時候，大家一起激起更大的浪花，不是對公司更有利嗎？

縱使世界灰暗，我仍然要活出顏色

面對後疫情時代，能夠生存，能成長的，那一定是那些快速轉變，願意做出改變的一群人。

我前面說過，我們正處於一個UVCA的年代，整個世界情勢的發展，不確定性越來越高，模糊地帶也越來越多，盤根錯雜的問題一時理不出眞相，全球經濟進入衰退，通膨四起。加上疫情的襲擊以及社群媒體的推波助瀾，有時候眞懷疑這世界還有什麼好消息。

尤其二〇二〇到二〇二二年對很多人而言是想直接跳過的三年吧，或許有人覺得這幾年哪裡也不能去，實在浪費了。然而日子還是要過，人們的生存力很強，人人可以在苦難中維持小確幸，在挑戰中微笑。看來疫情困住的只是我們的身體自由，但困不住我們的心靈自由，我們仍然可以讓生活具有意義。

這幾年不能出國旅行，很多人覺得被困住了，不甘心地說這兩年是被偷走、被剝奪的日子。慢慢地人類也體會到病毒是無法消滅，因此也做好了長期作戰的準備，然後試著與病毒共存。無論如何，人與人的接觸還是無可避免，甚或說是人類存在必要的條件之一，所以人類情感上的歸屬還是需要互相交流，自由旅行。有時候我會覺得病毒可能是上天派來警告人類的，人類太自大又太驕傲了，以爲應用一切的科技就可以控制世界萬物，毫無節制地從地球生態中掠奪想要的資源，最後導致了自己都無法解決的氣候變遷以及病毒的入侵。

這段期間很多商業受到疫情的影響，生意被迫關門或削減收入，很多個人被迫資遣或放無薪假，尤其中小企業影響層面之大前所未有。這兩年對我們而言絕對不是個好年，可是除了無奈和防疫之外，可不可以問自己這期間做了什麼？

相較於全球疫情的嚴峻，台灣幸運許多，由於我們防疫得當，大家防疫的意識非常高，因此一般人的生活沒有受到太多的限制和衝擊。我有一位朋友開始鍛鍊身體，把出國旅遊的預算用來健身運動，練出了幾塊肌，沒想到意外治好他的宿疾。另外一位朋友重新整理房子，決心實施斷、捨、離，給自己一個嶄新無負擔的居住空間，她說人生轉成彩色，輕鬆無比。另一位朋友小孩回台躲疫，這期間也完成了單車環島旅行的心願。

在疫情期間，我創立了影響力品牌學院，打算長期培育願意學習品牌和公關方面的企業學員，希望台灣有更多的品牌更有自信的說出影響力。這個計畫讓我又像再度創業，重新燃燒熱情，所以這場疫情對我而言是個禮物，運用這像是多出來的時間又完成了一個夢想，也讓我沉澱的思考了很多生命的意義。

因爲疫情，我們無法旅遊，不能出國，固然無奈，但卻無形中多了好多的時間；重要的是，我們有沒有好好去運用這段多出來的時間，完成一直想做卻沒時間做的事，或是學習新的技能？如果沒有，那眞的是浪費這天載難逢的時間了。

我知道我們都無法改變大環境，但是多出來的時間，在自己可控制的生活中，你做了什麼？英國前首相邱吉爾曾經說過，不要浪費每一場危機。所以要試問在這場疫情中，我們浪費了時間了嗎？每個時代都有每個時代的困境和機會，成功的人看機會，失敗的人看困境。大環境的困境，或許我們無法控制，但在可控制的範圍裡，我們做了什麼，最重要的是有沒有運用這段時間完成什麼。

疫情最大的改變是迫使很多企業做數位轉型。有一位企業主管跟我說，很多年來老闆雖然喊著要數位轉型，卻遲遲沒有行動，反而是疫情的壓力才眞正啓動轉型。另外一位創業家跟我分享，他們目標消費群是年長的婦女，不喜歡線上購物，所以一直以來在線上的業績很難推動；然而這場疫情卻教會了這些消費者上網預購，幫助他們增加線上的生意，因爲疫情加速了企業和消費者的數位轉型。所以看似壞事也不全然都是缺點，我們看事情的角度不能太單一。

很多企業的業績不但沒有下滑，還逆勢成長。他們有一個特色就是彈性，應變能力快，轉型得快，連飯店、旅行社也賣起了便當。無論是迫於無奈，還是不得已，很多人和企業都做出了改變，而改變才有機會免於坐以待斃。

所以很多事情有失必有得，有弊也有利，去看機會，不要看困境。看到了機會才會激發我們採取行動，積極往前行。面對後疫情時代，能夠生存，能成長的，那一定是那些快速轉變，願意做出改變的一群人。

疫情也不知道會持續多久，然而我們不能被大環境綁架，最重要的是在困境中做了什麼？這才是重點。我希望大家都能擁有一個心態——「縱使世界灰暗，我仍然要活出顏色」，絕對不要被不能控制的因素所框住，無論在什麼狀況之下，我們的思維和靈魂永遠是如此的自由。

為夢想寫的歌

社會越動
心越定
世界越亂
心越靜

我不是在實踐夢想
就是在往夢想的路上
目標在前
我心無旁騖
縱使披荊斬棘
我期盼看到彼岸的風景

縱使天雨路滑
縱使前方無燈照亮
至少有月光陪我同行

夢想，值得我堅持一下
夢想使我與眾不同
夢想讓我眼神發亮
夢想領我度過難關

人生只此一回
我還是堅持有夢

如果沒有了夢想
我什麼都不是

BIG 389

逆風前行：變動年代的職場新能力

作　者—丁菱娟
主　編—謝翠鈺
企　劃—陳玟利、鄭家謙
封面設計—陳文德
美術編輯—趙小芳

董事長—趙政岷
出版者—時報文化出版企業股份有限公司
108019台北市和平西路三段二四〇號七樓
發行專線—（〇二）二三〇六六八四二
讀者服務專線—〇八〇〇二三一七〇五
（〇二）二三〇四七一〇三
讀者服務傳真—（〇二）二三〇四六八五八
郵撥—一九三四四七二四時報文化出版公司
信箱—一〇八九九　台北華江橋郵局第九九信箱
時報悅讀網— http://www.readingtimes.com.tw
法律顧問—理律法律事務所　陳長文律師、李念祖律師
印　刷—勁達印刷有限公司
初版一刷—二〇二二年七月一日
定　價—新台幣三八〇元
（缺頁或破損的書，請寄回更換）

逆風前行：變動年代的職場新能力 / 丁菱娟作. -- 一版. -- 臺北市：時報文化出版企業股份有限公司，2022.07
面；　公分. -- (Big；389)

ISBN 978-626-335-565-1(平裝)

1.CST: 職場成功法

494.35　　111008660

ISBN 978-626-335-565-1
Printed in Taiwan